日本经典技能系列丛书·升级版

切削加工资料大全

[日]刀具工程师编辑部　编著

叶晶晶　译

机械工业出版社

本书主要包括切削加工参数篇和切削相关资料篇两部分，收集了180种常用材料的切削加工参数，不同加工方法的常见问题及其解决方法，适合不同工件材料、不同刀具种类和材料的切削条件以及切削液的使用方法等丰富的加工实例，是一本方便查询使用的切削加工资料集。书中还附有按不同加工方法、工件材料、使用刀具进行索引的切削参数表，可以方便地查找各种数据。

本书可供机械加工工人和机械加工相关技术人员培训、学习使用，还可作为相关专业师生的参考用书。

Original Japanese title:SESSAKUKAKOU NO DATA BOOK

Copyright © TAIGA Publishing Co., Ltd. 1991

Original Japanese edition published by TAIGA Publishing Co., Ltd.

Simplified Chinese translation rights arranged with TAIGA Publishing Co., Ltd.

thought The English Agency(Japan)Ltd. and Shanghai To-Asia Culture Co., Ltd.

此版本仅限在中国大陆地区（不包括香港、澳门特别行政区及台湾地区）销售。未经出版者书面许可，不得以任何方式抄袭、复制或节录本书中的任何部分。

北京市版权局著作权合同登记　图字：01-2020-5855号。

图书在版编目（CIP）数据

切削加工资料大全 / 日本刀具工程师编辑部编著；叶晶晶译. -- 北京：机械工业出版社，2024.8（2025.10 重印）.
（日本经典技能系列丛书）-- ISBN 978-7-111-76055-9

I.TG506

中国国家版本馆 CIP 数据核字第 2024W8J357 号

机械工业出版社（北京市百万庄大街 22 号　邮政编码 100037）
策划编辑：王晓洁　　　　　　　　责任编辑：王晓洁　关晓飞
责任校对：张慧敏　甘慧彤　景　飞　封面设计：马若漾
责任印制：单爱军
中煤（北京）印务有限公司印刷
2025 年 10 月第 1 版第 2 次印刷
184mm×260mm · 10 印张 · 240 千字
标准书号：ISBN 978-7-111-76055-9
定价：79.80 元

电话服务　　　　　　　　　网络服务
客服电话：010-88361066　　机 工 官 网：www.cmpbook.com
　　　　　010-88379833　　机 工 官 博：weibo.com/cmp1952
　　　　　010-68326294　　金　书　网：www.golden-book.com
封底无防伪标均为盗版　机工教育服务网：www.cmpedu.com

出版说明

为了吸收发达国家职业技能培训在教学内容和教学方式上的成功经验，我们引进并出版了日本大河出版社的首套"日本经典技能系列丛书"。首套丛书自2009年翻译出版以来畅销不衰，累计印刷超过三十万册。应广大读者的要求，我们又引进了这套升级版的"日本经典技能系列丛书"。

本套升级版"日本经典技能系列丛书"共10本，丛书内容覆盖机械加工各方面，包括《切削加工资料大全》《机械加工一点通》《数控车床使用手册》《加工中心使用手册》《难切削材料及复杂形状的加工技巧》《机械图样的画法及读法》《测量仪器的使用及测量计算》《刀具材料的选择及使用方法》《工装夹具的制作和使用方法》《孔加工刀具大全》。该系列丛书为日本机电类的长期畅销图书。升级版丛书延续了首套丛书的风格和特色，内容更加丰富，书中涉及的技术水平也有了更大提升。

本套丛书中介绍的"常用的切削加工资料""机械加工中常见问题""复杂形状零件加工技巧"等内容，都是日本技术人员根据实际生产的需要和疑难问题总结出来的宝贵经验。书中通过列举大量操作实例、正反对比形象地介绍了每个领域最重要的知识和技能，不仅图文并茂、真实可靠，更是以"细"取胜，其中的许多经验和技巧是国内同类书中很少能展开详细介绍的，学习本书可以帮助读者快速提升机械加工的技术水平和技巧。

本套丛书在翻译成中文时，我们力求保持原版图书的精华和风格，图书版式基本与原版图书一致，将涉及日本技术标准的部分按照中国的标准及习惯进行了适当调整，不方便修改的都按照中国现行标准、术语进行了注解，以方便中国读者阅读、使用。

本套丛书不仅适合机械加工一线的工人、技术人员培训、自学，也可作为大中专院校师生的参考书。不管您是机械加工相关的初学者还是资深从业人员，相信这套升级版的"日本经典技能系列丛书"都不会让您失望。

漫画序曲

有了这本资料大全,无论什么对手都能应对自如!

佐伯克介 画

日本经典技能系列丛书·升级版
切削加工资料大全

第1部分 切削加工参数篇

切削加工参数的解读与使用方法
横滨国立大学　佐藤　素　　6～7

车削加工的发展趋势与加工参数的确定
东京都立工业技术中心　横山哲男　　16～17

车削加工参数篇
- 外圆切削/内孔切削/切断/切槽/锥槽切削/内孔切槽/
  螺纹切削/端面切削/端面切槽/槽端面切削……24
- 复合加工……45

铣削加工的发展趋势与加工参数的选用
千叶县机械金属试验室　榎本真三　　52～53

铣削加工参数篇
- 平面铣削加工……62
- 端面铣削加工……71
- 钻孔加工　铰孔加工……85
- 螺纹加工……93
- 镗削加工……94
- 成形铣削加工……97
- 旋压加工　销式镜面铣刀加工……98
- 槽铣削加工　整形加工……99
- 镗磨加工……100
- 磨削加工……101

索引　按加工方法分类·按工件材料分类·按使用刀具分类　　102

切削加工资料大全
[日] 刀具工程师编辑部 编著 / 叶晶晶 译

第2部分 切削相关资料篇

刀具以及加工中的故障与解决方法 —— 110

- 车削加工的故障与解决方法……110
- 铣削加工的故障与解决方法……114
- 端铣加工的故障与解决方法……116
- 钻孔加工的故障与解决方法……119
- 铰孔加工的故障与解决方法……121
- 螺纹加工的故障与解决方法……122

刀具的损坏形态和材料种类 —— 124

JIS 钢铁·非铁金属材料牌号（摘录） —— 126

硬度换算表（摘自 JIS 日本钢铁标准手册《钢铁》） —— 130

不同工件材料选择适用的刀具材料种类与刀具企业推荐的切削条件 —— 132~133

切削液的选择方法 —— 148

附录 附录A 中日表面粗糙度对照表·附录B 中日常用钢铁材料牌号对照表 —— 157

版式设计　小和田勋

←利用安装有高速主轴的加工中心对铝材进行高速雕刻加工。使用的刀具是用于铝材切削的硬质合金高速切削立铣刀，直径为 ϕ10mm，可实现切削速度660m/min、进给速度100mm/min的高速切削。另外，虽然是干式的高速切削，但是切削热大部分被切屑带走，工件基本不会发热。

普通的加工中心，通过采用转速可达2~6万 r/min 的高速主轴，也能轻松地进行铝材和轻合金高速切削。

请注意，照片中叠印的切削参数与该加工无关。

（协助摄影：平冈工业/村木）

第1部分
切削加工
参数篇

S55C(HB230
ESD2020R(
120m/min
1900r/min
380mm/mi
3mm
Dry
VMC15(1
R_{max}3.0

切削加工参数的解读

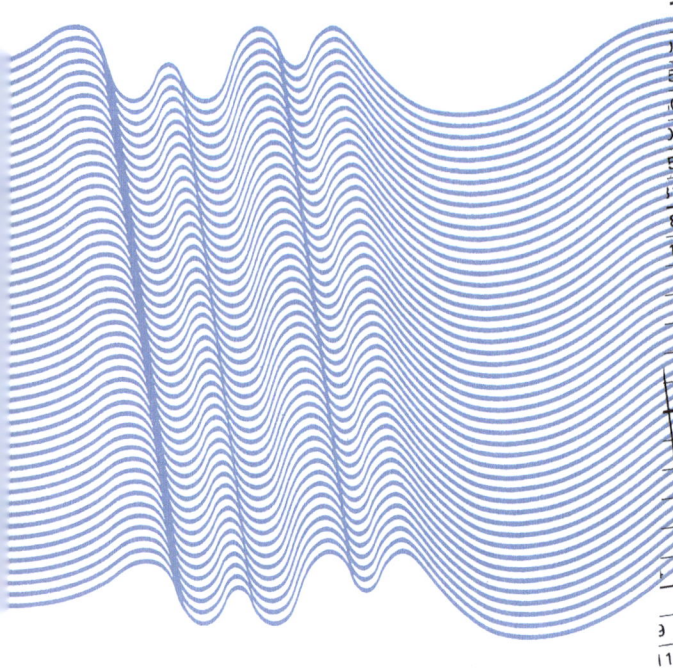

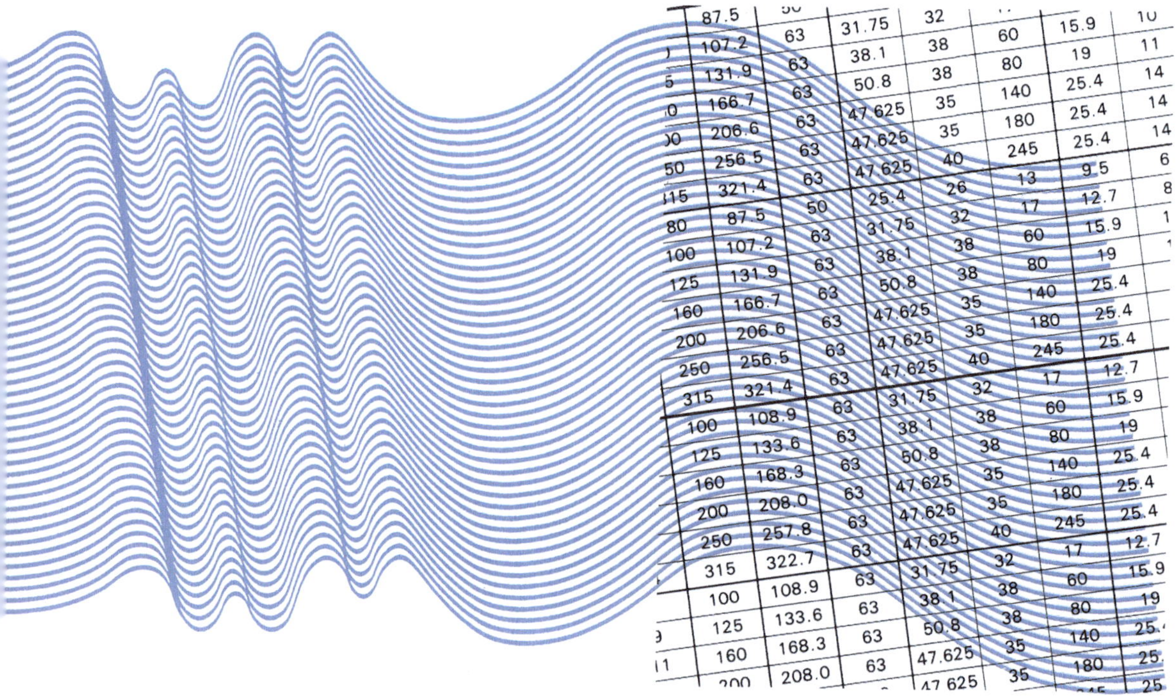

切削加工参数是什么

在机械加工车间里，人们使用机床加工金属等原材料，生产出所需的机械零件。这是人类多年来发展起来的最基本且应用最广泛的一种机械制造技术，它被称为"机械加工"。

过去，这种生产工作也是技能密集型的，所有机床的运转和操作均由技术工人完成。但是，后来随着工业进步出现了自动化和无人化操作，该生产工作领域自然也不例外。

特别是将先进的数字控制技术引入机床之后，越来越多的技术工人在机床操作中不再被需要。如今，在24小时无人操作的高科技自动化工厂里，机床附近几乎找不到一个人。

随着生产方式的变化，加工技术方面也将发生质的变化。

当技术工人跟以前一样，亲手操作机床时，他们会把机械加工中所需的信息，即"切削加工参数"存在自己的大脑里和手上，根据这些信息来操作机床。

然而，对于自动化的机床，如数控车床或加工中心，必须事先在控制单元中设置加工条件，才能进行正常加工。

在现实中，这项操作非常困难。原因如下：

① 难以从资料中找到合适的条件。"切削加工参数表"与实际合适的条件之间差距较大。此外，陆续出现的新材料缺乏可以参考的切削参数。

② 即使按照经验丰富的技术人员的方法去做，由于掌握不了技巧，结果也往往不尽如人意。所谓的"技术诀窍"就是无法数据化的经验和直觉，而熟练的技师（专家）的技能正是技术诀窍本身。

与使用方法

横滨国立大学　佐藤　素

③ 无法适应加工中切削条件的变化。

无论怎样的变化范围和变化大小，均会导致次品或不合格品增多。

④ 由于在车间工作的技术工人缺乏经验，变相出现了人手短缺的难题。

我们无法改变目前机械加工的现状和发展方向。为此，我们可以考虑采用更高级的自动化系统，如"自适应控制""专家系统""AI（人工智能）"等。

在这些系统中，只要设定开始加工时的条件，机床本身就具备了之后自动寻找、逐一选择正确的切削加工条件并进行继续加工的能力。

但是，像这样的功能想要普及到实用层面，还需要大量的时间。

那么，在实际工作中，如何才能真正地使用"切削加工参数"，并有效地利用它们呢？让我们试着寻找答案吧。

机械加工条件的特点

过去，日本精密工学会将机械加工作为其研究领域之一，在大学和研究机构的研究人员、钢铁制造企业和工具制造企业的参与下，成立了切削技术分会（后来的专业委员会），对钢材的切削加工进行了联合试验。

该试验报告中总结了一些关于切削加工参数的特点，内容非常有意义。具体如下：

① 研究题目。钢材中的硫、磷以及所用机器对钻头寿命的影响。

② 试验内容。随机选择相同的被切削材料（试验材料）、刀具、切削条件、切削液，提供给委员会所属的 2 个试验点，进行条件完全相同的钻头寿命试验。

③ 试验结果。随着钢材中微量元素硫（S）含量的增加，钻头寿命明显提高。

另一方面，磷（P）的情况则恰好相反，但钻头寿命受到的影响没有硫那么大。

然而，即使试验材料相同，在不同的试验点进行试验所得结果也有很大不同。

此外，还得到了切削阻力（转矩、推力）、孔径扩大量和切屑等的各类信息。

接下来，我们来详细介绍一下这些试验结果。

如图 1、图 2 所示为各试验钢的钻头寿命。该图为双对数图，横轴代表钻头外圆周部的切削速度，纵轴代表钻头寿命。

在这种情况下，"钻头寿命"用试验中钻头完全失效之前钻孔的总长度（mm）来表示。

例如，"900"表示能够钻 30 个深度 30mm 的孔的状态。

另外，切削条件如下：

- 使用的钻头：ϕ10mm，SKH9（高速钢）氰化氧化处理，直柄
  螺旋角 = 30°
  顶角 = 118°
  前角 = 10°
- 使用的机床：立式钻床（无级变速）
- 切削条件：进给速度㊀ = 0.32mm/r
  钻孔深度 = 30mm
  切削液 = 60 号主轴油

比较的材料是表 1 中的 2 种钢材，是由作为委员会成员单位的钢材制造企业分别精心制造并提供的试验材料。所准备的 2 种钢材各 5 类试验材料均是正火状态。

图 1 是日本工业技术院机械技术研究所（简称机械技研）的试验结果，图 2 是

㊀ 进给量，本书中统称为进给速度。

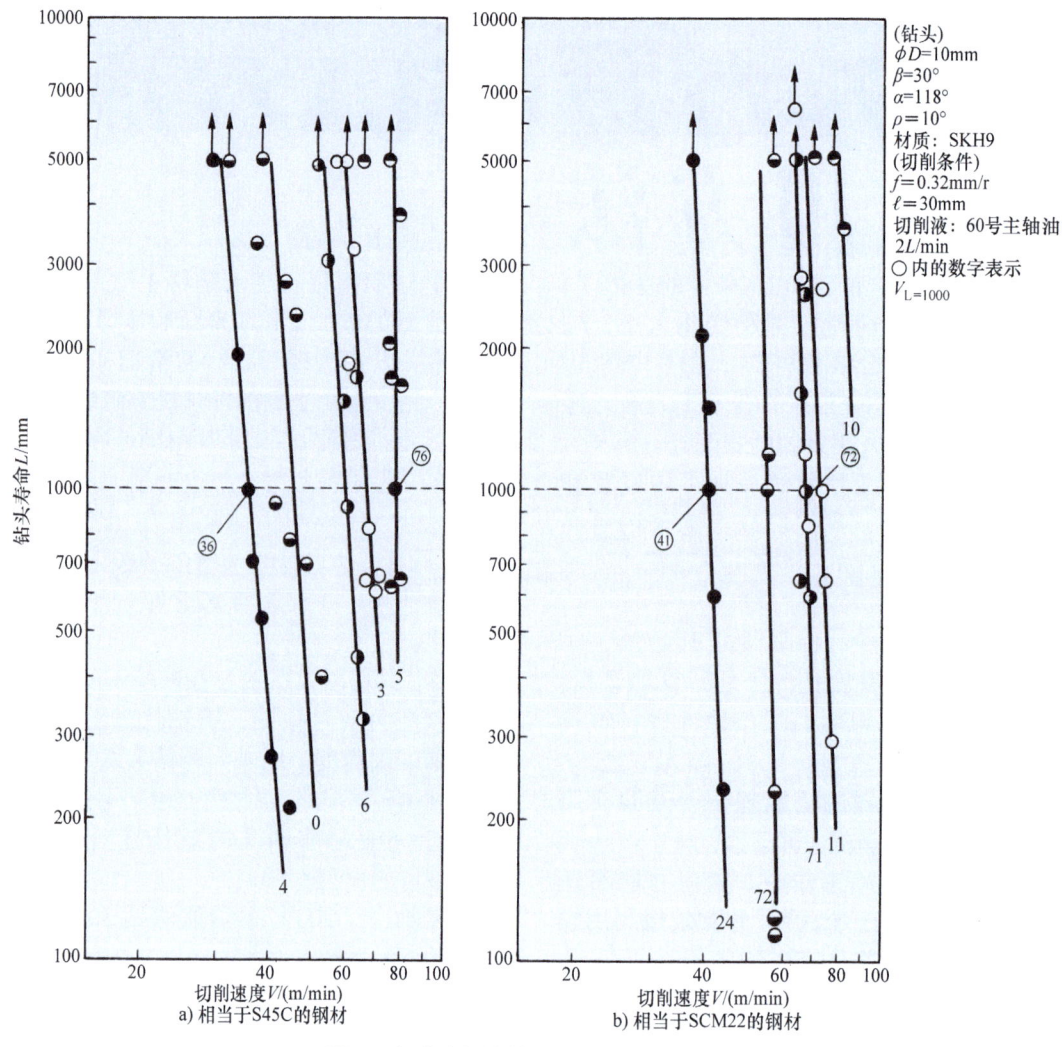

图 1 各试验钢的钻头寿命（机械技研）

a) 相当于S45C的钢材
b) 相当于SCM22的钢材

（钻头）
ϕD=10mm
β=30°
α=118°
ρ=10°
材质：SKH9
（切削条件）
f=0.32mm/r
ℓ=30mm
切削液：60号主轴油 2L/min
○内的数字表示 V_L=1000

新日本制铁室兰制铁所（简称新日铁室兰）的试验结果。

不同材料会按种类分别生成一条直线，这条直线被称为"钻头寿命曲线"（V-L曲线）。

试验得到的切削速度与钻头寿命的关系描绘出的是双曲线，但在双对数图中体现为直线。

V-L曲线（直线）以其位置和斜率表示特性。例如图1中的S45C，无论是哪种切削速度，切削4号材料时钻头寿命都是最短的，5号材料则是最长的。

另外，就图2中的SCM22而言，可以看出24号材料比72号材料更容易受到切削速度的影响。

像这样，既能够根据图表直接比较不同钢材、种类钻头的加工性能，也可以使用进一步简化的比较标准。

表 1 试验钢的硫、磷含量与硬度

材料类别	编号	磷P(%)	硫S(%)	硬度(HBW)
相当于 S45C 的钢材	0	0.017	0.014	175
	3	0.054	0.071	179
	4	0.059	0.015	187
	5	0.021	0.073	179
	6	0.036	0.033	177
相当于 SCM22 的钢材	72	0.015	0.022	156
	11	0.062	0.104	164
	24	0.063	0.016	161
	10	0.016	0.120	145
	71	0.033	0.042	160

在这里，我们选择"1000mm寿命切削速度"。

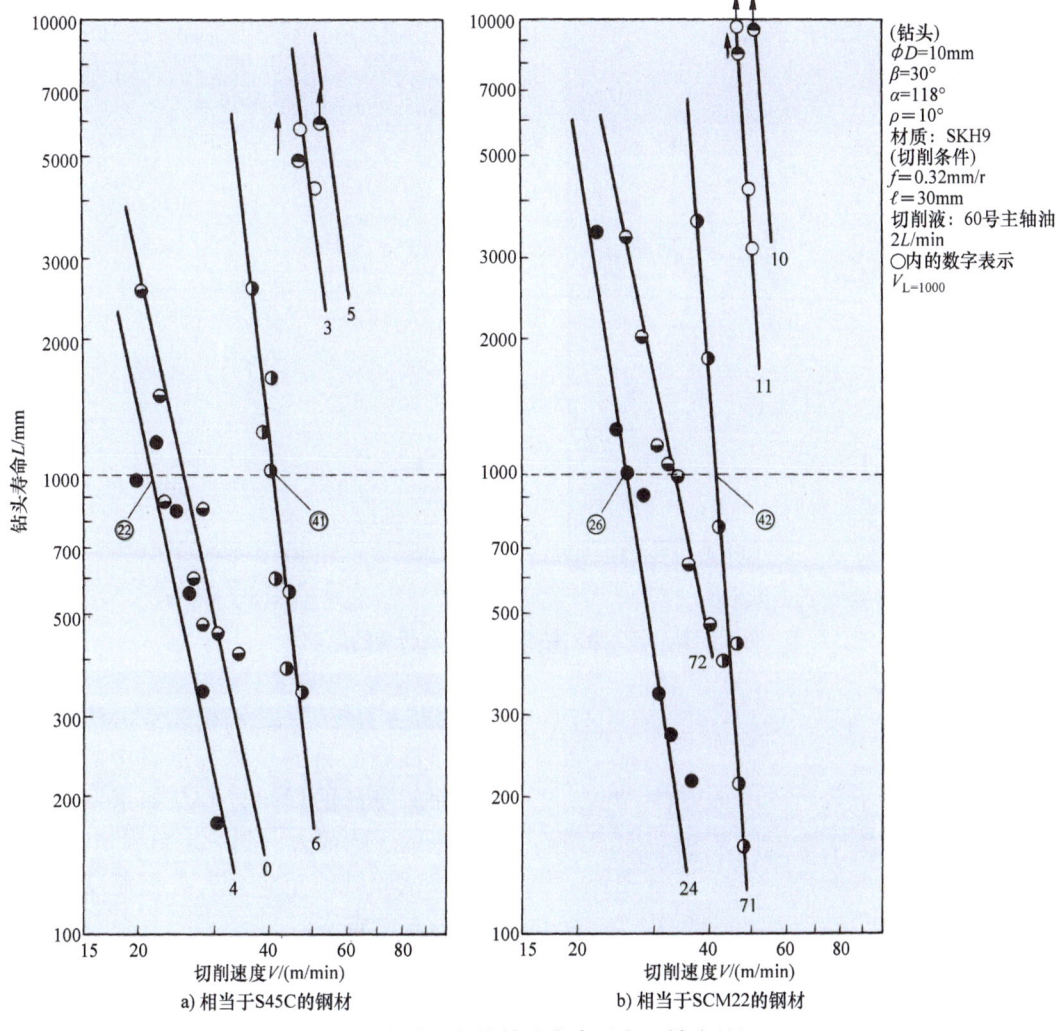

图 2　各试验钢的钻头寿命（新日铁室兰）

a) 相当于S45C的钢材
b) 相当于SCM22的钢材

用符号表示为 $V_{L=1000}$。意为能够测量到钻孔深度总计在 1000mm（1m）以内的切削速度。

这表明，易于钻孔材料的 $V_{L=1000}$ 较大，而难以加工材料的 $V_{L=1000}$ 较小。

图 3 所示为钢材试样的硫、磷含量与 $V_{L=1000}$ 数值之间的关系。数值以分数形式表示，但上排数值是机械技研的试验结果，下排数值是新日铁室兰的试验结果。

另外，图中（）内的数值表示钻孔加工中的转矩（kg·cm）。上排和下排的意思一样。

该图定性、定量地清楚显示了上述试验结果的内容。磷含量少、硫含量多的数值大。另一个明显的趋势是，$V_{L=1000}$ 上排的数值、括号内转矩的下排数值总是较大。

这意味着当采用同样的试验材料、钻头、切削液和切削条件时，如果试验场所（机床）发生变化，则试验结果会有很大的变化。

例如，S45C 的 0 号材料，机械技研的试验结果 $V_{L=1000}$ 比新日铁的多 88%，转矩则少 45%。

比较两者后可知，在机械技研的例子中，加工转矩总是极小，钻头的磨损大幅减少，可获得更长的钻头寿命。

a) 相当于S45C的钢材

b) 相当于SCM22的钢材

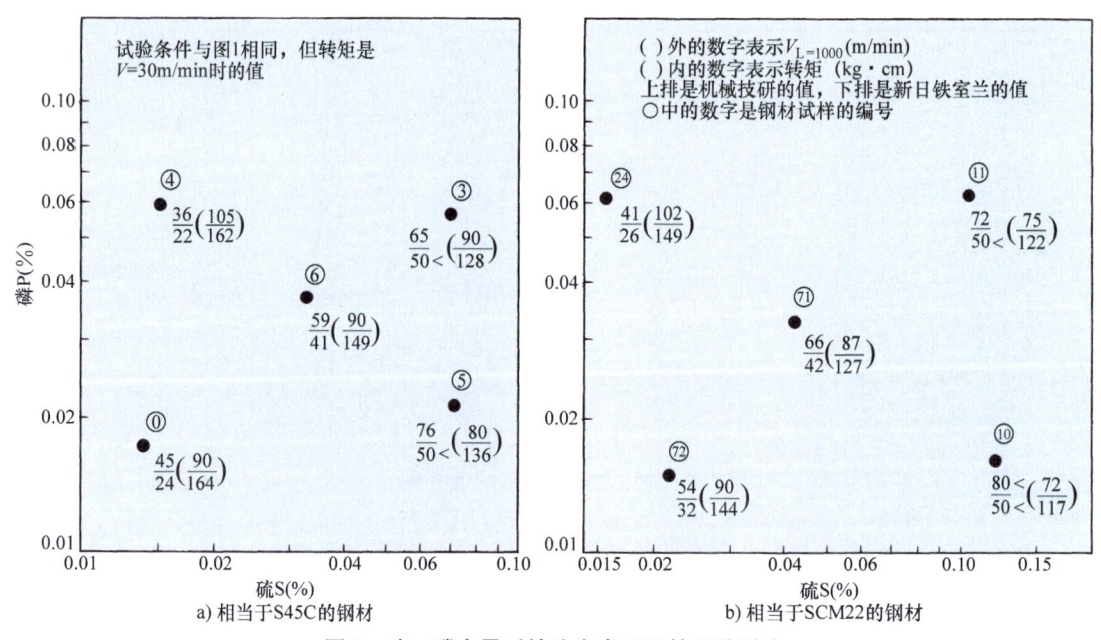

图3　硫、磷含量对钻头寿命以及转矩的影响

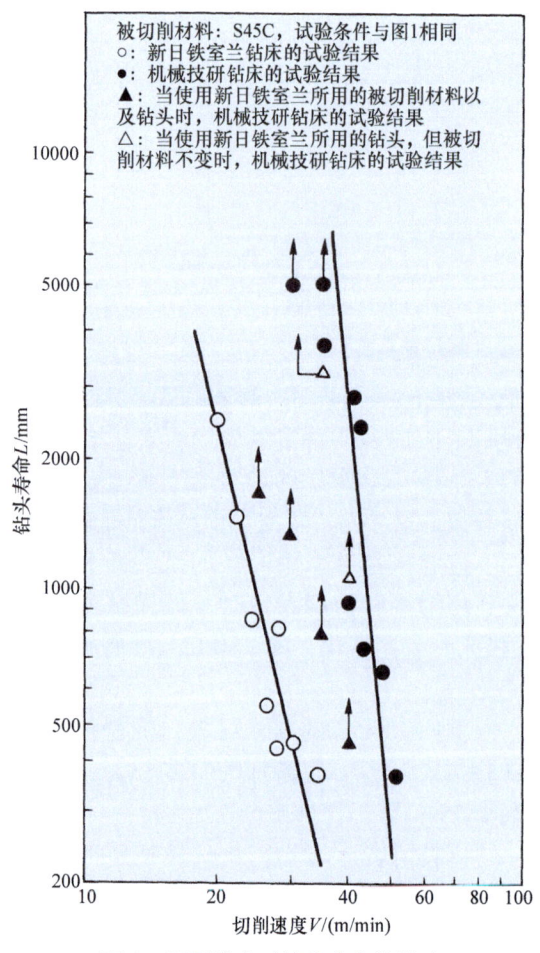

图4　不同钻床对钻头寿命的影响

该试验的目的是调查钢材中的微量元素对钻头寿命的影响，但是如果钻床对试验结果的影响很大，则一定要弄清其关系，否则该试验结果至少会失去控制变量比较不同材料的意义。

消除变量

于是，我们设计了一个试验，尽可能地消除引起切削加工参数波动的变量，只考察钻床的影响。

首先，与此前的试验一样，2个试验点的切削条件，如钻头转速和进给速度等都相同。同时设定的其他试验要点概述如下：

① 均使用同一批次的钢材、钻头、切削液，随机分配到2个试验点。

② 关于钢材试样和钻头，考虑到它们对钻头寿命影响很大，因此试验后，已分发到2个试验点的物品将作为剩余材料进行互换，并在另一个试验点重新进行试验。

试验结果如图4所示。该图表示的是尽可能消除了除试验点（钻床）以外的引起切削加工参数波动的变量之后的试验结果。

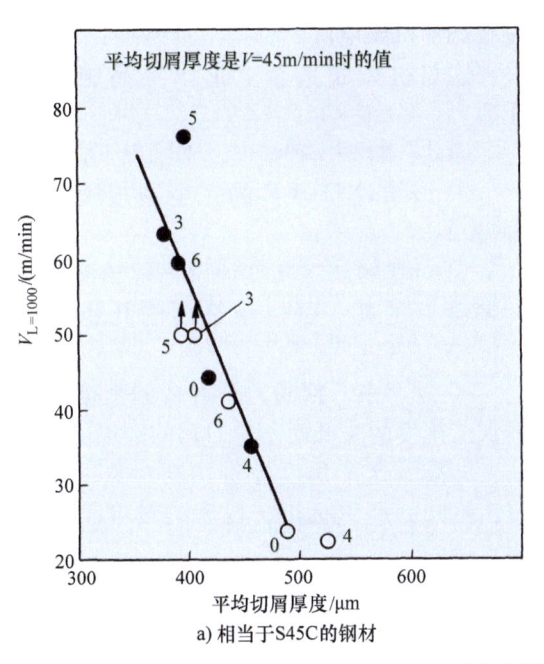

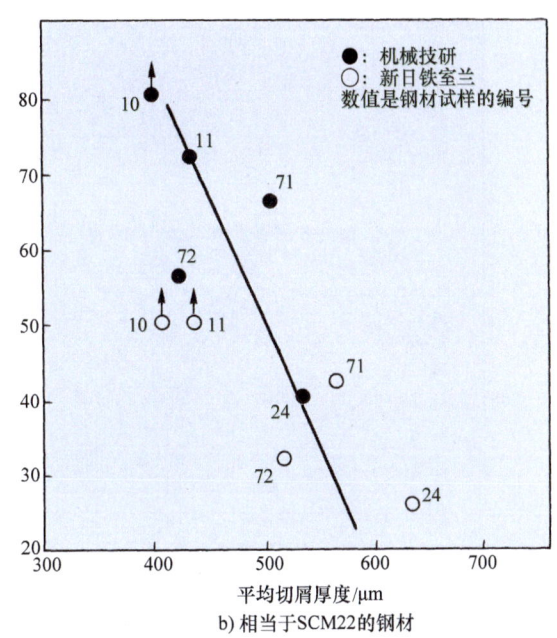

图5 平均切屑厚度与 $V_{L=1000}$ 的关系

a) 相当于S45C的钢材

b) 相当于SCM22的钢材

根据图4，2个试验点有明显的差异。图中●、▲、△符号均表示机械技研钻床的试验结果，其钻孔寿命均比新日铁室兰钻床○符号所示的更长。

其中，2个试验点使用的立式钻床的规格几乎相同，而且这2台钻床均是仅用于钻孔试验的试验机床，而不是用于生产现场的机床。

标有符号▲、△的数据是机械技研重新试验后的结果。由于钢材试样的数量不足，因此在钻头达到完全磨损之前就中断了的试验，用↑符号表示，但前面所述的结论确实是成立的。

为了更谨慎地确认该结果，委托了委员所属的神户制钢所作为第3个试验点，进行同样的试验。结果是针对所有钢材试样，所得钻头寿命的数值均介于新日铁室兰与机械技研之间，或者更接近机械技研的数值。

这也的确证实了数值差异并非机械技研或新日铁的试验出错，而是在于钻床的差别。

那么，钻头的哪些特性不同是造成钻头寿命差异的原因呢？

我们认为北海道、东京、兵库等地理气候和环境难以对钻头产生影响，因此考察了新日铁室兰和机械技研试验中的平均切屑厚度（与切削阻力相关，与其对应）。

表2 孔径扩大量（在距离孔入口5mm位置上检测）

			切削速度/(m/min)						
			20	25	30	35	40	45	50
S45C	平均/mm	机械技研	0.14	0.10	0.07	0.07	0.07	0.08	0.09
		新日铁室兰	0.04	0.04	0.03	0.06	0.06	0.05	0.05
	最大/mm	机械技研	0.15	0.12	0.12	0.08	0.09	0.14	0.15
		新日铁室兰	0.09	0.09	0.05	0.09	0.12	0.09	0.07
	最小/mm	机械技研	0.10	0.09	0.04	0.05	0.06	0.05	0.06
		新日铁室兰	0.03	0.03	0.01	0.01	0.01	0.01	0.01
SCM22	平均/mm	机械技研	0.07	0.17	0.07	0.07	0.07	0.12	0.11
		新日铁室兰	0.04	0.03	0.02	0.02	0.04	0.06	0.04
	最大/mm	机械技研	0.09	0.20	0.10	0.16	0.11	0.22	0.17
		新日铁室兰	0.05	0.05	0.03	0.07	0.05	0.07	0.05
	最小/mm	机械技研	0.05	0.14	0.04	0.04	0.03	0.08	0.06
		新日铁室兰	0.03	0.02	0.02	0.01	0.01	0.04	0.02

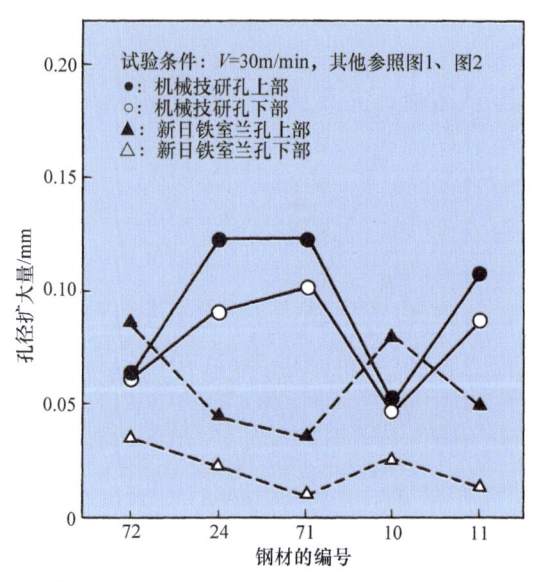

图6 相当于SCM22的钢材的孔径扩大量

图5所示为平均切屑厚度与$V_{L=1000}$的关系。从这个图中,可以读出切屑厚度与钻头寿命之间的相关性。同时,从相同钢材的比较中还可以得知新日铁室兰的切屑更薄(对应图3中的切削阻力)。

通常,机床的主要特性为主轴旋转精度,使用状况和维护等会影响该精度。表2所示为新日铁室兰和机械技研钻床的主轴旋转精度。不过该数值表示的并非主轴精度本身,而是加工后的孔径扩大量。

在钻孔过程中,主轴的振动通常是造成钻孔直径大于钻头直径的主要原因,因此孔径扩大量为衡量主轴旋转精度的标准。

表2中各栏上排的数值大,即说明机械技研加工的孔大。若用曲线图表示SCM22材料的孔径扩大量的数值,如图6所示,从中可以清楚地看出2个试验点之间的差异。

若将其与机械技研钻头寿命长的原因联系起来考虑,则可以这样理解:
① 孔径扩大量大。
② 切削液容易到达钻头前端,切削条件改良。
③ 切屑变薄,切削阻力(使用钻头的情况下为转矩和推力)减少。

但是,如果只考虑这种因素,就会得到一个奇怪的结论,那就是响声较大、精度较低的机床更优。

这与机床制造企业追求更高精度相矛盾。

因此,对于这种情况,考虑以下方面:
① 该结论将刀具的完全磨损视为其寿命。
② 对孔的加工精度评价不够精确。钻的精度差的孔,以及难钻出的孔也计为1个。
③ 近年来,判断刀具寿命的依据是刀具加工精度的降低而不是刀具的磨损。

如果从这个角度评价切削参数,就会得出不同的评价标准,机床的精度就变得很重要。

由此,根据加工精度要求(粗加工、精加工、高效加工等)的不同,切削加工参数也不同。

仅仅根据我们目前的案例,就可以知道,下述条件不同,参数也有很大变化。
- 被切削材料中微量元素的含量
- 机床
- 加工条件
- 评价标准

除此之外,还有很多其他的影响因素,人们也对此进行了大量研究,但目前还远不能得出统一的因果关系。

这也是CAM(计算机辅助制造)尚未达到真正发挥其功能的原因之一。

公布的参数

大多研究机构、刀具制造企业和技术团队等会公布加工参数。它们以"参数库"或"参数文件"等名称为人所知,大家可能有所耳闻。

表3是美国METCUT Research协会出版的一个参数集示例。例如,检索上述钻孔加工(ϕ10mm、被切削材料:中碳钢、硬度:150~180HBW)的加工参数,就可以找到对应内容,如表中粗体字所示,切削速度为17~21m/min,进给速度为0.13~0.23mm/r。

表3 用 φ10mm 的钻头制孔的情况——摘自《加工参数手册（金属切削）》

材料	布氏硬度 Bhn[⊖]	状态	切削速度 ft[⊖]/min m/min	进给量 in[⊖]/r mm/r 公称直径 1/16in 1.5mm	1/8in 3mm	1/4in 6mm	1/2in 12mm	3/4in 18mm	1in 25mm	1~1/2in 35mm	2in 50mm	刀具材料等级 AISI 或 C ISO
碳钢，锻造（等）中碳钢（等）（上一页列出的材料）	325~375	淬火并回火	45	—	0.002	0.003	0.007	0.009	0.011	0.013	0.015	M10、M7、M1
			14		0.050	0.075	0.18	0.23	0.28	0.33	0.40	S2、S3
	375~425	淬火并回火	35	—	0.002	0.003	0.005	0.007	0.009	0.010	0.011	T15、M42
			11		0.050	0.075	0.13	0.18	0.23	0.25	0.28	S9、S11
中碳钢 1524 1548 1536 1551 1541 1552 1547	125~175	热轧、正火、退火或冷拔	60 60	0.001 —	0.003	0.005	0.009	0.012	0.018	0.020	0.025	M10、M7、M1
			18 24	0.025 —	0.075	0.13	0.23	0.30	0.45	0.50	0.65	S2、S
	175~225	热轧、正火、退火或冷拔	55 70	0.001 —	0.003	0.005	0.009	0.012	0.018	0.020	0.025	M10、M7、M1
			17 **21**	0.025 —	0.075	**0.13**	**0.23**	0.30	0.45	0.50	0.065	S2、S3
	225~275	热轧、正火、退火、冷拔或淬火并回火	60	0.001	0.002	0.004	0.007	0.010	0.015	0.018	0.020	M10、M7、M1
			18	0.025	0.050	0.102	0.18	0.25	0.40	0.45	0.50	S2、S3
	275~325	热轧、正火、退火或淬火并回火	50	—	0.002	0.004	0.007	0.010	0.012	0.015	0.018	M10、M7、M1
			15		0.050	0.102	0.18	0.25	0.30	0.40	0.45	S2、S3
	325~375	淬火并回火	45	—	0.002	0.003	0.007	0.009	0.011	0.013	0.015	M10、M7、M1
			14		0.050	0.075	0.18	0.23	0.28	0.33	0.40	S2、S3
	375~425	淬火并回火	35	—	0.002	0.003	0.005	0.007	0.009	0.010	0.011	T15、M42
			11		0.050	0.075	0.13	0.18	0.23	0.25	0.28	S9、S11
高碳钢 1060 1075 1090 1064 1078 1095 1065 1080 1561 1069 1084 1566 1070 1085 1572 1074 1086	175~225	热轧、正火、退火或冷拔	45 65	0.001 —	0.003	0.005	0.009	0.012	0.018	0.020	0.025	M10、M7、M1
			14 20	0.025 —	0.075	0.13	0.23	0.30	0.45	0.50	0.65	S2、S3
	225~275	热轧、正火、退火、冷拔或淬火并回火	55	0.001	0.002	0.004	0.007	0.010	0.015	0.018	0.020	M10、M7、M1
			17	0.025	0.050	0.102	0.18	0.25	0.40	0.45	0.50	S2、S3

⊖ Bhn 同 HBW。
⊖ 1in = 0.0254m, 1ft = 0.3048m。

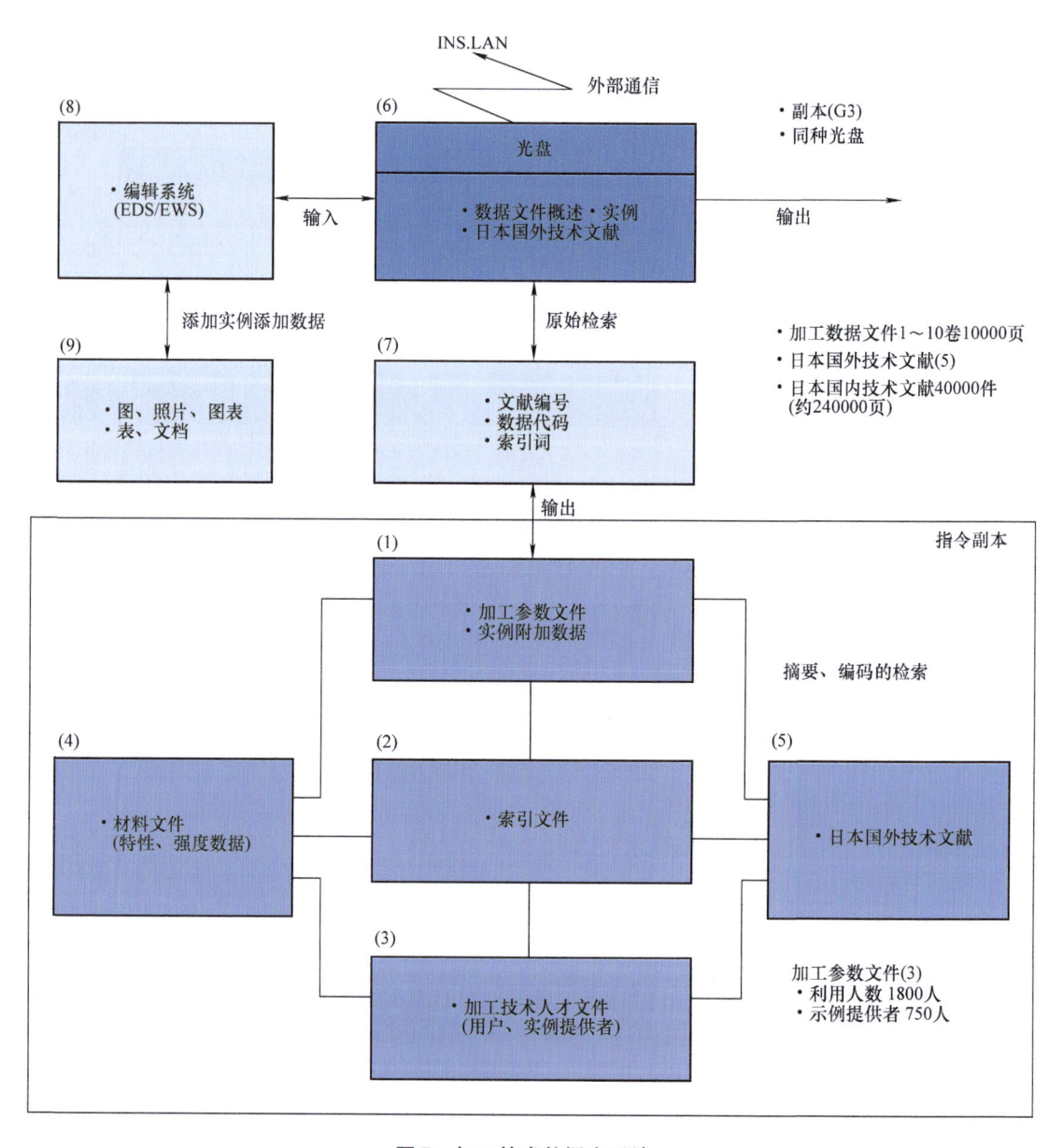

图7 加工技术数据库系统

当将其设置在钻床上时，主轴转速需在700r/min左右。但是由于机器不同，有时只能选择610r/min或900r/min，进给速度也必须从0.10mm/r、0.15mm/r和0.20mm/r中选择。

从钻头寿命曲线（见图1、图2）也可以看出，钻头对切削速度的依赖性很强，即使是很小的速度差异也会引起寿命很大的变化。

对于数控车床，加工参数的选择会变得简单一些，但如前所述，要设置合适的加工条件非常困难。这就是使用公布的加工数据的问题所在。

加工技术数据文件

日本机械振兴协会技术研究所正在努力打造"加工技术数据文件"，把它作为一个与加工技术数据库建设相关的项目。

"加工技术数据文件"是一种数据库，尝试收集了减材加工全过程的数据，涉及切削加工、磨削加工、特种加工等。该数据文件收集了此类加工操作制订最基本的加工条件时所需的全部信息。

如今，这种数据文件不仅在日本，而且国际上引起了广泛的关注。要想了解其内容，可直接咨询该协会，马上就能得到最准确的信息。

如上所述，从加工信息中很难轻易地找出最佳加工条件。所以，除了基本信息外，该数据库还收集了现场技术人员经历的加工实例。随着收集信息量的增加，就可建立一个能够检索出最佳条件的信息系统。这个加工技术数据库系统的整体构思如图7所示。

该系统由采集系统、文件功能－检索功能、响应需求的输出功能等组成，是一个技术先进的OA系统。

我们迫切希望出现一个方便输出结果的数据，并能够灵活地将加工数据应用于实际加工领域。本书《切削加工资料大全》就是这样一个数据汇编，迈出了实现这个梦想的第一步。

到目前为止，我们发现很难建立一个直接应用的数据库。当确定加工数据时，首先我们要了解加工条件，在此基础上，第一步先要在短时间内找出最相对合适的数值。

下一步，就是要对这个数值的修正方向和加工方案不断完善。在此期间，生产实例的相关资料有很大的参考价值。但是，你必须首先读懂并理解这些资料，这得依靠一些经验的积累以及基于经验进行的合理尝试。

换句话说，要获得合适的参数，没有捷径。这的确是一个急待AI（人工智能）解决的问题。

[参考文献]

1) 精机学会切削性专门委员会. 钢材中硫、磷对车削加工刀具寿命的影响［J］. 精密机械: 精机学会志, 1973, 39（8）: 809-817.

2) 佐田 登志夫 他. 钢材中的硫、磷以及使用机器对钻头寿命的影响［J］. 精密机械: 精机械学会志, 1974, 40（10）: 815-820.

加工方法和材料

切削加工材料的种类繁多。要根据零件的功能特点选择合适的材料，但材料的形状以及切削性能不同，其加工方法也有所不同。

下面，我们将看看加工技术数据库的资料中，不同的加工方法都使用了哪些材料。

下表中的数字表示在不同加工方法中各种材料通常应用比例的顺序。另外，在表格的右侧，列举了磨削加工作为参考。

从这张表可以看出，碳素钢、铸铁、合金钢、工具钢、不锈钢和非铁金属材料在所有切削加工领域中都占据了靠前的位置，是目前最常见的加工材料。

另一方面，也可看出铝等非铁金属材料和塑料在磨削加工领域仍然很少应用。此外，陶瓷进行磨削加工的比例很高，还有非金属结晶材料和玻璃等特殊材料也使用磨削加工。

	车削	钻削	镗削	铣削	磨削
铸铁	4	2	1	2	4
铸锻钢	7	6	7	7	7
碳素钢	1	1	2	1	2
合金钢	2	3	3	3	1
工具钢	6	6	6	6	3
不锈钢	3	5	4	5	6
耐热合金钢	8	8	8	8	8
特殊金属材料	9	10	9	9	10
非铁金属材料	5	4	5	4	9
金属系复合材料	13	13	13	13	11
塑料	10	8	10	10	14
同系复合材料	12	11	12	12	15
非金属结晶材料	13	14	14	14	12
陶瓷	11	12	11	11	4
玻璃	15	15	15	15	12

车削加工参数篇

● 数控车床·车削中心·专用机器

车削加工的发展

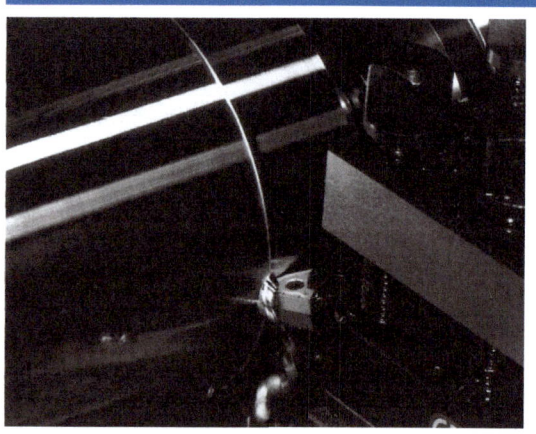

近来，机床的发展迅速，除俄罗斯、中国和东欧各国外，日本生产的机床数量占全世界的1/4，其出货量中的70%为数控机床。并且，这些机床中50%～60%是数控车床，现在的车削大多由数控加工完成。

现在的数控车床具有如下特点：可转位刀架、副主轴、自动夹紧进给装置、ATC（自动换刀装置）等带来的功能升级；高速旋转的主轴、进给机构等；以及应用各种传感功能和控制方法实现高精度加工。这些功能都是应用户的需求而开发的，可以说，车削加工也在朝这个方向发展。

但从整个加工过程来看，生产中考虑到工序及加工数量等因素，切削加工的效率低于塑性加工的效率（冲压等）。因此，到了量产阶段，通常采用先锻造等让材料成形，然后再进行切削的方法。

加工示例如下：

● 压缩机用轴承

以前：铸造→车削→工件装夹→车削→工件装夹。

趋势与加工参数的确定

东京都立工业技术中心　横山哲男

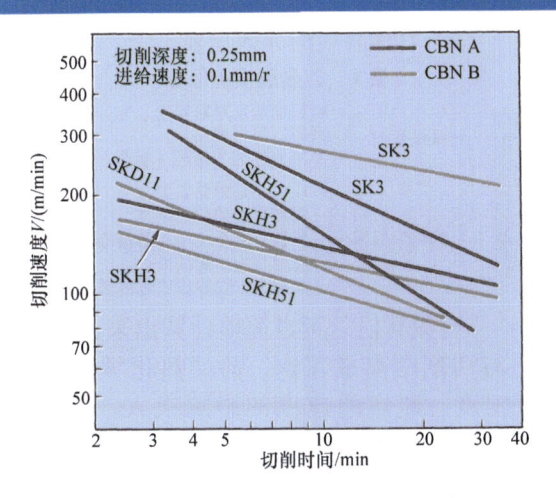

图1　各种切削淬火材料的刀具寿命

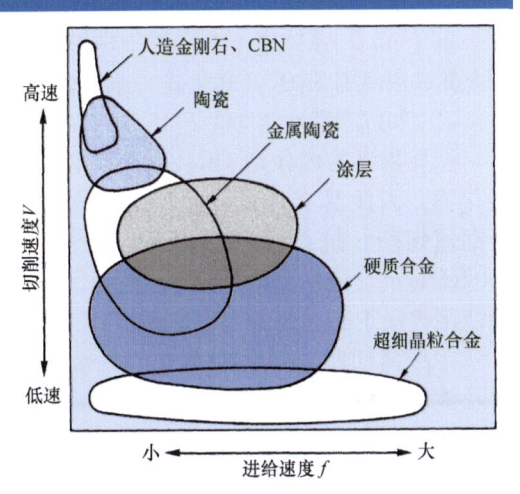

图2　刀具材料的应用范围

现在：温锻→精车

- 机床离合器

以前：材料切断→全表面切削

现在：精密铸造→部分切削

- 液压设备的管道配件

以前：车削→热处理

现在：冷铸→精车

- 压力容器法兰

以前：材料切断→切削→焊接→磨削

现在：材料切断→热铸→切削

这种情况与使用市面上销售棒材进行切削不同，因为对黑皮和不规则形状等的切削更容易出现问题。

在轴料加工时，考虑到形状精度、几何精度、表面粗糙度等因素，常用外圆切削的加工方法。必须根据零件的质量要求，合理安排加工工序。

从另一个角度来看，过去淬火材料一直无法切削，但如图1所示，CBN刀具的出现使高速工具钢（HSS）和模具钢等的加工变得容易起来。像这样，还有很多切削技术跟以前相比都发生了很大变化。

另一方面，也因为使用CBN砂轮进行的外圆磨削，让人们能以前所未有的高效率进行加工，所以用户可选择的加工方法也变得更加多样。

刀具材料的选择

关于刀具材料的应用范围，可从切削速度和进给速度方面考虑，如图2所示。

人造金刚石、CBN等超高压烧结材料适用于陶瓷、层压板、高硅铝合金、玻璃纤维增强塑料（GFRP）和碳纤维增强塑料（CFRP）等新材料的加工以及铝合金的精密切削，因此应用广泛。

但需要注意的是，不能使用金刚石切削铁质材料，因为它会与其中含有的碳发生反应并被吸收，在超精密切削中，只有使用单晶金刚石才能达到要求的表面精度。

CBN刀具可用于切削硬度高的材料，尤其适于铁质材料等。然而，对于柔性或延展性材料，却存在黏结剂先发生磨损，无法发挥其特性的缺陷。因此，在图2中，虽然该刀具处在高速范围内，但其材料对象是有限的。

一直以来，陶瓷刀具材料都为 Al_2O_3（氧化铝）类。纯 Al_2O_3 具有较高的耐磨性，但抗拉强度低，通过与 TiC（碳化钛）混合，陶瓷的韧性得到提高，具有优异的耐热性和耐磨性。

17

虽然陶瓷的抗拉强度在 $50\sim100\mathrm{kgf/mm^2}$ 之间,但它具有极其优良的耐热性和耐磨性,可用于硬质合金刀具或金属陶瓷无法切削的坚硬难切削材料,因此需要根据加工内容进行合理选择。

鉴于 Al_2O_3 系陶瓷不太适用于球墨铸铁,因此铸铁中使用 Si_3O_4(氧化硅)系陶瓷,其抗拉强度和抗断裂性能均优于 Al_2O_3 系陶瓷。

金属陶瓷的成分是 TiC、耐热碳化物和氮化物,因此具有优良的抗断裂性能,适合高速切削。抗拉强度也很高,为 $140\sim200\mathrm{kgf/mm^2}$,应用范围很广。然而,其使用范围仅限于高速高精切削领域。

在高速切削领域,对耐热性、耐磨性以及被切削材料与刀具之间的亲和力问题要求较高,常使用的是陶瓷或金属陶瓷。但在一般切削领域,则主要使用超硬刀具,其也可用于重切削。此外,由于硬质合金通过涂覆 TiC、TiN(氮化钛)和 Al_2O_3,可以提高硬度和韧性,适用于高速切削领域内,因此被广泛使用。

随着热等静压(HIP)成型技术的进步,能确保硬质合金刀具烧结材料的致密性和均匀性了,同时由于化学气相沉积(CVD)技术的发展,也改善了薄膜与母材之间的黏附性,对车削加工而言,硬质合金涂层刀具最为适合。

此外,复合层的涂层适用于中、重切削。

刀具磨损

总结刀具磨损的原因见表1。

表1 刀具磨损的原因

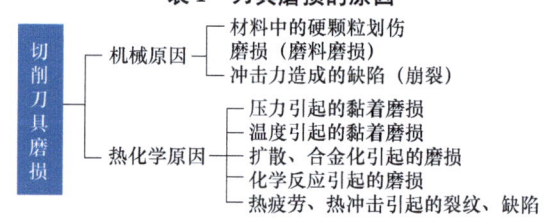

切削刀具磨损	机械原因	材料中的硬颗粒划伤磨损(磨料磨损)
		冲击力造成的缺陷(崩裂)
	热化学原因	压力引起的黏着磨损
		温度引起的黏着磨损
		扩散、合金化引起的磨损
		化学反应引起的磨损
		热疲劳、热冲击引起的裂纹、缺陷

"机械磨损"可以简单计算出来,因为它与切削距离成正比,而"热化学磨损"受温度,即切削速度的影响很大。因此,速度越快,效率越高,但可切削的距离越短,寿命也越短。

为了提高切削面质量和加工效率,加工要向高速切削的方向发展,但由于切削速度对刀具寿命影响很大,因此,切削速度的确定,必须在考虑到刀具修磨和更换成本等的综合评估基础上进行。

图3所示为刀具磨损与温度之间的关系。

另外,图4所示为经济型切削速度的模型。

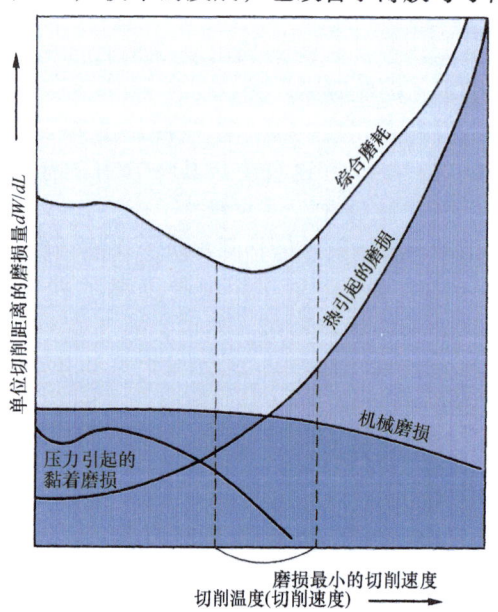

图3 刀具磨损与温度之间的关系

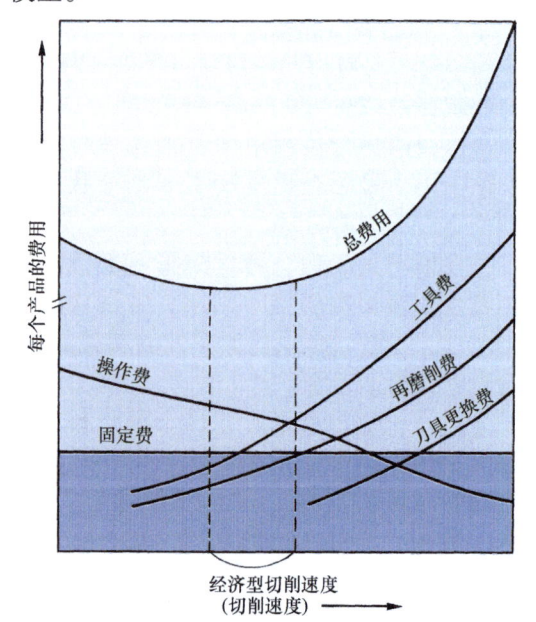

图4 经济型切削速度模型

㊀ $1\mathrm{kgf/mm^2}=9.80665\times10^{-4}\mathrm{MPa}$。

表2　切削精加工余量（摘录自 JIS B0712）

加工方法	精加工余量 /mm	影响精加工余量的因素
		固有因素
车削	0.1~0.5（相对于直径）	① 在端面以及内孔切削中，设置较小的精加工余量 ② 在精加工中使用弹簧车刀时，精加工余量特别设置为 0.05~0.15mm ③ 在精加工中使用金刚石车刀时，精加工余量特别设置为 0.05~0.2mm
镗削	0.05~0.4（相对于直径）	① 镗杆主轴为悬臂式时，精加工余量要小，因为可能会受切削阻力影响而发生偏移 ② 镗杆两端有支撑时，精加工余量比①的情况设置得更大 ③ 使用双刃刀具加工时，设置为 0.1~0.15mm

粗加工和精加工

毋庸置疑，粗加工和精加工的切削条件是不同的。

在粗加工中，由于重视切削效率，因此进行的是重切削，其切削深度大，进给速度大，而不是提高切削速度。这是因为切削速度对工具磨损的影响远远大于进给速度或切削深度。

在刀具寿命公式 $VT^n = C$ 中，硬质合金刀具的系数 n 是 0.3 左右，切削速度减半可使刀具寿命提高 10 倍（n、C 是根据工具、被切削材料和加工方法等决定的常数）。这表示在粗加工中，即使不把切削速度降到一半，但至少降到 70%~80%，并把进给速度或切削深度增加一倍，效率会更高。

在钢材的低速切削时，会形成积屑瘤，不仅会导致切削面质量下降，也难以保证尺寸精度。有一种说法是，当刀尖温度超过再结晶温度时，积屑瘤就会消失，但实际上是有部分残留的，为了消除它，必须提高切削速度，即使是 S45C 材料，也要提高到 200mm/min 左右。

在粗加工中，切削面的质量不是那么重要，所以即使是低速切削，还是要从效率和寿命方面综合考虑选择切削条件。残留一些积屑瘤，寿命反而更长。

对于硬质合金刀具来说，最佳切削条件是刀具的切削刃温度为 700~800℃。超过这个温度范围，就会发生氧化、扩散并加速磨损，低于这个温度，则效率会降低。

在钢材的最佳切削条件下，切屑是蓝色的，如果切削速度过快，则切屑会变成蓝白色，而切削速度过慢，切屑则会变成褐色。这是一种简单的判断方法，但是对于确定合适的条件而言却很有效。

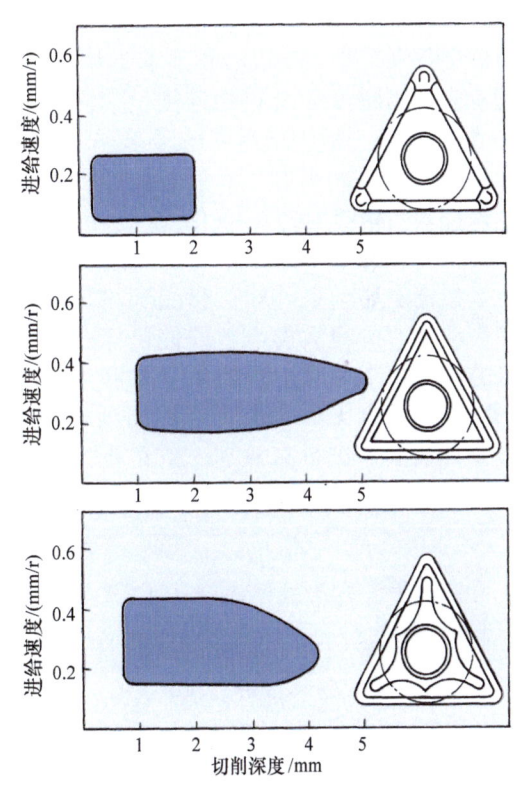

图5　断屑槽（台）的形状与适用范围的示例（东芝泰珂洛）

切削条件的决定因素

（1）尺寸以及形状精度

影响工件的尺寸和形状精度的因素很复杂，但从切削条件来看，主要切削阻力的大小和方向。特别是要精加工条件的选择。表2摘录了 JIS B0712《切削精加工余量》的部分内容。

（2）断屑槽（台）

切屑处理是车削加工中的重要环节。切屑处理的方法有很多，但用户的一般考虑的是选择具有合适断屑槽（台）的刀具刀片。

不同刀具厂家的可转位刀具的断屑槽

不同，但结构相似。图5所示为断屑槽（台）形状和适用范围的示例。一般来说，进给速度小则切屑连续，进给速度大则切屑呈破碎状。

（3）切削面的质量

切削面的表面粗糙度会受刀架的导向精度、是否具有积屑瘤及其状态、刀尖圆弧半径和有无颤动等的影响。

如图6所示，随着切削速度提高，积屑瘤会逐渐变小。在没有积屑瘤的情况下，理论表面粗糙度为（进给速度）^{2}／（8×刀尖R），但鉴于被切削材料的隆起和刀具前后刀面的边界磨损等，实际表面粗糙度可达理论表面粗糙度的2~3倍。

（4）机床的负载能力

在设定切削条件时，会受到机床刚度和负载能力的很大影响。即使机床主电动机的输出功率很高，但如果主轴和刀架的刚度不高，也无法实现稳定的切削。尤其是在重切削，进行高效加工的情况下，需要足够的机械刚度和负载能力。

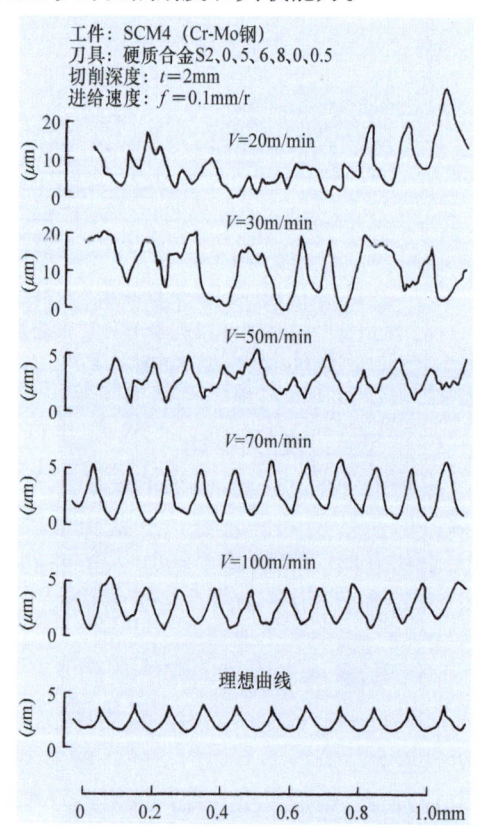

图6 切削速度提高可改善表面粗糙度

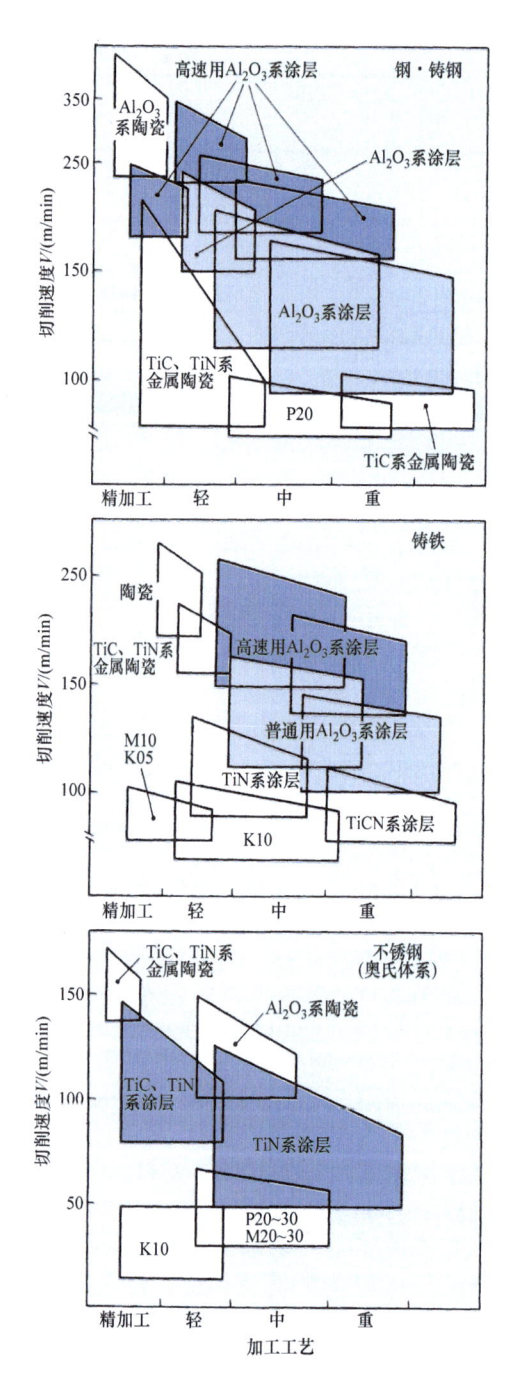

图7 不同被切削材料的刀具材料种类及其应用领域

所需切削功率的计算方法如下所示。设切削阻力为F_c，此时的切断面积为A_o，则比切削阻力K_s，即单位面积的作用力，如下式所示：

$$K_s = \frac{F_c}{A_o} = \frac{F_c}{tf}$$

式中 t——切削深度（mm）；
f——进给速度（mm/r）。

表3　不同被切削材料的比切削阻力示例

被切削材料	K_s/(kgf/mm²)
铝	59
铜	79
黄铜	102
低碳钢	250
Cr-Mo钢	275
不锈钢	305

对于被切削材料来说，比切削阻力不是一个恒定值，而会随切削面积增大而增大，当切削深度小于0.05mm时，比切削阻力迅速增大。

虽然比切削阻力会根据切削条件的不同存在一些差异，但在标准加工中，并没有明显的变化。不同被切削材料的比切削阻力示例见表3。

设切削速度为 V，切削功率为 W，消耗功率为 W_1，则切削功率、消耗功率可表示如下：

$$W = \frac{K_s A_o V}{60} = \frac{0.00981 K_s t f V}{60} \text{ (kgf · m/s)}$$

假设机械效率为75%，则 W_1 如下所示：

$$W_1 = \frac{W}{0.75}$$

被切削材料与加工特性

（1）黑皮的切削

FC等铸铁不是特别硬的材料，其布氏硬度为160～240HBW，不难加工，但由于成型过程中冷却速度快，导致其表面形成坚硬的金相组织，铸件表面凹凸不平，从而刀具容易破损。

在铸铁加工中，一般不使用切削液，因为油剂会造成的热冲击，清除附着的油剂也很麻烦，粉末状的切屑与切削液一起进入机床的传动部分，会导致磨损。

黑皮不仅存在于铸铁中，也存在于热轧圆棒和铸件中，导致切削变得困难。切削的关键是要保证切削深度够深，使切削刃避开黑皮部分。

图7为适合钢、铸钢、铸铁和不锈钢刀具切削速度与加工工艺的关系。

（2）塑性材料

高塑性材料，如铁、铜等纯金属以及含碳量低的钢材等的可加工性差，原因如下：

① 容易出现飞边或积屑瘤，导致质量下降。

② 因为易变形，所以切屑与前刀面的接触长度长，去除切屑需要很大的力。

③ 为此剪切角变小，切削阻力增加，也多了产生切削热的情况。

图8为碳钢含碳量与可切削性系数的关系。可切削性系数在含碳量0.3%时达到峰值，含碳量比这一数值更高（硬度增加）或更低（伸长率增加）时，可切削性系数均会降低。切削的关键是加大前角，提高刀具的锋利度。

（3）不锈钢

不锈钢按其成分可分为"马氏体""铁素体""奥氏体"和"沉淀硬化不锈钢"4类。需要注意的是，它们的金相组织各不相同，性能也不同。

马氏体不锈钢可淬硬至40HRC左右，该材料在冷加工状态下的可切削性最好，但在退火状态下会黏结难以切削。铁素体不锈钢的性能与马氏体不锈钢相似，但该材料在淬火后也不会硬化，易切削。

切削不锈钢时发生崩刃，这并不是因为材料的硬度，而是因为材料很黏，对切削刃的影响很大，出现了附着物。而材料

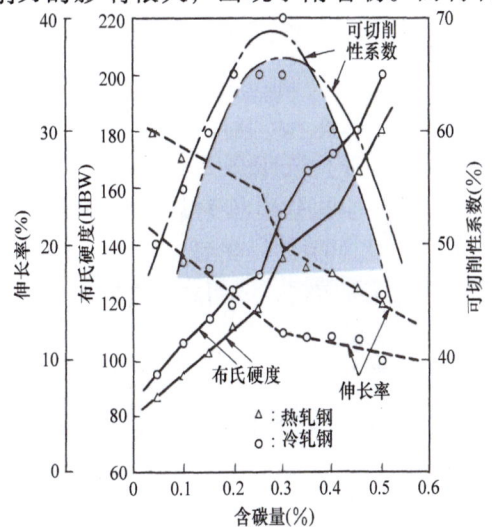

图8　碳钢含碳量与可切削性系数的关系

硬度大，切削力也将变大。

此外，由于导热系数较低，切削产生的热量不易传递到周围，材料局部发热，切削刃温度也容易随之升高。

奥氏体不锈钢是不锈钢中使用量最大的材料，但容易出现加工硬化，从而导致很多问题。加工硬化是指当刀具钝化时，加工表面附近的组织受到切削力的作用，被压缩、变硬的现象。

如切掉该硬化层会大大降低切削性能，为此需加大进给量，以避免切掉硬化层。前角设成正数，而非负数。使用焊接车刀时，增大前角。切屑呈卷曲状时，应仔细考虑排屑方向。

（4）耐热合金

耐热合金指的是用于飞机、导弹等高温部件的材料，其在650℃以上时仍有足够的强度，是近年来需求不断增加的材料之一。

一般来说，耐热合金不仅具有良好的耐热性，还有良好的耐蚀性，并具有较高的抗拉强度和剪切强度，但这些材料大多都需要很大的切削力，并容易出现加工硬化现象，普遍认为它们很难被切削。

广泛使用的铬（Cr）钢和镍铬（Ni-Cr）钢，在耐热钢中加工难度不算太大，但含Cr、Ni、Mo（钼）等的奥氏体耐热钢，以Ni为基的时效硬化合金钢以Co（钴）为基的耐热钢，其耐热性和耐蚀性越好，加工难度越大。

仅仅是成分的细微变化、组织状态的不同，就能让这些耐热钢的切削性能发生很大的变化。因此，在设置具体条件时，需要研究详细数据，试切之后再进行加工。

也就是说，由于加工过程中受力较大，因此需要确保机器和刀具有足够刚度，并注意切削状态是否随着切削刃的磨损而改变。

（5）钛及钛合金

钛的密度低，为 5.54g/cm³，特点是虽然轻，但抗拉强度高，为 60～110kgf/mm²。由于其耐热性和耐蚀性优异，适用于火箭部件等需要轻质且高强度的领域以及连接器等电子元件领域，其需求也在不断增加。

因为钛合金切屑的接触长度短，所以剪切角大，即使前角很小也可以切削，但切削刃的温度容易升高，影响刀具寿命，因此，为了减少发热，使用前角大的刀具。

另外，由于钛合金在切削过程中，被切削材料容易黏附在切削刃上，而带着切屑进行加工时，会造成崩刃。为此，后角要比钢时的后角更大，以防止切屑黏附。

因为切屑还会黏附在切削表面，所以要对切屑运动进行巧妙地引导，或施加大量的切削液，以达到冷却和冲洗的双重效果。在这种情况下，使用非水溶性切削液。

使用硬质合金材料刀具时，要使用K类，而不用P类。这是因为含TiC的硬质合金刀具材料其中的钛以与被加工材料中的钛具有良好的亲和力，容易引起粘连。如果使用硬质合金材料无法顺利切削，那么可以尝试使用高速钢刀具。即使是高速钢，也能进行较高速的切削。

（6）易燃金属

镁（Mg）是最近另一种备受关注的材料。镁的密度为 1.7g/cm³，与铝的密度 2.7g/cm³ 相比要轻得多，但镁的强度较高，机械强度与密度的比值在金属里属于最高的那一类，减振性好，可切削性也好。

镁是一种非常容易切削的材料，但由于镁的燃点温度低，为500℃，因此在加工时不能超过这个温度。钛合金也一样。

通常在切削镁合金时，产生大的切屑时（横截面积大于1.5mm²）是不会起火的。但是，在精加工或刀具周围产生细毛状切屑的情况下，当摩擦热较大时可能会起火。

为了防止起火，需使用锐利的刀具并提高锋利度，加大后角，尤其是副后角，以减少摩擦热。还需要注意采用0.05mm以下的小进给速度，避免高速切削、旋转时刀具与工件接触等。

切削液中使用汽油，选用燃点高、不含酸的切削液。另外，不使用水溶性切削液。最近，还出现了一些通入压缩空气或使用液态二氧化碳进行的低温切削。

加工时工作区要保持干燥，切屑要当天放入带盖的金属容器中并整理好，存放在远离工作区的防火仓库中。一旦发生火灾，应立即将易燃部分分开，防止火势蔓延，并准备充足的专用灭火剂。

（7）塑料

当塑料的切削顺利时，切屑也会呈现流动性，但如果进给速度过小或切削速度过快，切屑就会黏在刀具上。相反，如果进给量过大或切削速度过慢，就会产生碎屑。

一般来说，热塑性塑料比热固性塑料产生的连续切屑更长，切削速度越快，切屑上越易形成裂纹。

与金属相比，塑料的导热系数极低，单位体积的比热容也低，为此尽管切削阻力小，但切削温度很容易上升。并且因为热量难以传到内部，热量更容易留在表面。因此，热塑性塑料容易软化，切屑会黏附在刀具上。因而重要的是减少切削热，可选择一个前角大的刀具。

与金属相比，塑料的弹性和热膨胀率大，但切削阻力会导致其变形，因此有时难以得到所需的尺寸。因此，可以使用锐利的刀具，同时涂抹水溶性切削液或向材料中通入空气。

[参考文献]

1）日本机械学会. 金属加工技术的选择和事例：技术资料［M］. 1986.

2）《CBN 刀具的磨损机理分析》新刀具材料研究会，1982 年、1958 年、1959 年度报告，机械技术研究所。

3）《使用 CBN 刀具切削钢系材料》，横山哲夫，1985 年，东京都立产业技术研究中心学习会资料。

4）Metal Handbook, 18 DE, 188, Machinability and Machining of Metals, 4.

磨削与切屑处理

切屑处理是使用数控车床和车削中心进行自动化加工中的一大难题。切屑散落一地或缠绕在工件和刀具上，而切屑的堆积不仅影响无人操作和自动化，而且还影响加工的多刃化、加工速度、加工精度、安全以及刀具寿命等。

因此，为了提高生产效率，降低加工成本，处理切屑的措施变得十分重要。

影响切屑处理的因素按影响力大小依次为①进给速度；②切削深度；③切削速度。即进给速度与切屑厚度成正比，切削深度与切屑宽度成正比，切削速度与切屑厚度成反比。但是，切削速度越高，有效范围越窄。

因此，一般情况下，增大进给速度和切削深度，降低切削速度，有利于切屑处理。

另一方面，被切削材料的材质、硬度甚至是热处理状态也会影响到切屑形态。例如，低碳钢的切屑厚度大于高碳钢，更易卷曲。比较好的方法是使用易切削钢或利用热处理使切屑更易卷曲等。

从刀具的形状来看，余偏角越小越好，刀尖圆弧半径在精加工时越小越好，在粗加工时越大越好。断屑槽（台）形状采用小的前角，以增加切屑厚度（相反，低碳钢时角度要大），进给速度小时断屑槽（台）宽度窄，进给速度大时则宽度宽。一般而言，进给速度小时断屑槽（台）深度深，进给速度大时深度浅。

切削时，湿式切削还能使切屑更容易卷曲，有效面积更大，特别是在低进给速度小时。

所用的车床也需要为斜床身车床，向下切削，并带有切屑盖、宽切屑区、上尾座等。

外圆切削

齿轮加工

加工材料	工件名称	齿轮	
	工件材料	SCM415	
	硬度	250HBW（渗碳淬火前）	
	加工前热处理状态	回火	
使用刀具	名称	可转位车刀（粗加工）	可转位车刀（精加工）
	切削刃的材料种类	铝涂层	金属陶瓷
	型号（制造企业）	PCLNR 2020（三菱综合材料）	PDJNR 2020（三菱综合材料）
	刀具夹持方法	刀架	
切削条件	切削速度/(m/min)	140	300
	转速/(r/min)	550~900	1200~2000
	进给速度/(mm/r)	0.3~0.4	0.2
	切削深度/mm	2	0.2
	切削液（名称）	水溶性（可溶性 NC-10）	
使用机器	名称	并列双主轴数控车床	
	型号（制造企业）	FTL-10Ⅱ（大隈）	
	机器输出功率/kW	VAC 5.5/3.7×2 主轴	
	数控装置（轴数）	OSP500L-G（2）	

加工零部件的形状与尺寸：20、14.5、0.5、φ70、φ80

要求精度	圆度	0.005mm	平面度	
	直线度		垂直度	
	圆柱度	0.005mm		
	平行度	0.03mm	已加工表面粗糙度	▽▽ [一]

加工的目的在于合理缩短生产周期，进行零部件的批量加工。组合并列双主轴立式结构的数控车床以及高速进给装置，可以合并缩短工件的工序1和工序2。

另外，通过采用针对切屑处理的断屑槽（台），提高量产加工中的切屑处理效果。

（资料：大隈）

法兰加工

加工材料	工件名称	法兰	
	工件材料	S45C	
	硬度	170HRW	
	加工前热处理状态	回火	
使用刀具	名称	可转位车刀（粗加工）	可转位车刀（精加工）
	切削刃的材料种类	钛涂层	金属陶瓷
	型号（制造企业）	PCLNR 12（神户肯纳金属）	PDJNR 15（神户肯纳金属）
	刀具夹持方法	可快速更换刀具的刀架	
切削条件	切削速度/(m/min)	140	300
	转速/(r/min)	350~900	700~1100
	进给速度/(mm/r)	0.4	0.1
	切削深度/mm	5	0.2
	切削液（名称）	水溶性（可溶性 NC-10）	
使用机器	名称	数控车床	
	型号（制造企业）	LB 25（大隈）	
	机器输出功率/kW	VAC 15/11（30分/连续）	
	数控装置（轴数）	OSP-500L（2）	

加工零部件的形状与尺寸：φ136、φ110、23、66

要求精度	圆度	0.003mm	平面度	
	直线度		垂直度	
	圆柱度	0.01mm		
	平行度	0.03mm	已加工表面粗糙度	▽▽，▽▽▽

其目的是合理化地进行各种零部件的大、中、小批量加工。

通过组合通用数控车床、嵌入式机器人和工作台，实现了工序1和工序2的连续反转加工。另外，通过采用转塔式装夹工作台，提高了工序1和工序2中的平行度。

（资料：大隈）

[一] 中日表面粗糙度对照表见附表1。

外圆切削

加工材料	工件名称	试件	
	工件材料	Al（棒材）	
	硬度		
	加工前热处理状态		
使用刀具	名称	可转位车刀（粗加工）	可转位车刀（精加工）
	切削刃材料的种类	硬质合金（G10E）	烧结金刚石
	型号（制造企业）	PDJNR 2525（住友电气工业）	PDJNR 2525（住友电气工业）
	刀具夹持方法	刀架	刀架
切削条件	切削速度/(m/min)	500	550
	转速/(r/min)	2650	3000
	进给速度/(mm/r)	0.3	0.1
	切削深度/mm	3	0.2
	切削液（名称）	水溶性（可溶性 NC-10）	
使用机器	名称	带副主轴的车削中心	
	型号（制造企业）	LR15-MW（大隈）	
	机器输出功率/kW	主轴 VAC 15/11	副主轴 VAC 11/7.5
	数控装置（轴数）	OSP5020L（7）	

加工零部件的形状与尺寸：φ60

要求精度			
圆度	0.005mm	平面度	
直线度		垂直度	
圆柱度			
平行度	0.03mm	已加工表面粗糙度	▽▽▽

目的是将工序 1、2 结合起来，合理进行车削和复合加工。用 1 台机器就能完成所有的加工，该机床为带副主轴的车削中心，能够在主、副 2 面进行车削和复合加工。

另外，精加工时使用烧结金刚石车刀，在任何时候都能得到质量稳定的精加工表面。

在此，仅显示了外圆车削的粗加工和精加工切削参数。

（资料：大隈）

外圆·内孔切削

加工材料	工件名称	类似于 DAT 下气缸	
	工件材料	A2017	
	硬度		
	加工前热处理状态		
使用刀具	名称	直头车刀（外圆）	镗削车刀（内孔）
	切削刃的材料种类	烧结金刚石	烧结金刚石
	型号（制造企业）	Compax（旭金刚石工业）	
	刀具夹持方法	固定刀架	固定刀架
切削条件	切削速度/(m/min)	570	128
	转速/(r/min)	6000	6000
	进给速度/(mm/r)	0.05	0.05
	切削深度/mm	0.1	0.1
	切削液（名称）	干式切削	
使用机器	名称	数控高精密双轴立式自动车床	
	型号（制造企业）	VL2H（津上）	
	机器输出功率/kW	3.7/2.2×2	
	数控装置（轴数）	FANUC 0-TTC（4）	

要求精度			
圆度	0.003mm	平面度	0.003mm
直线度		垂直度	
圆柱度			
平行度	0.003mm	已加工表面粗糙度	0.8S

在立式对置双轴自动车床上进行加工，可以直接将工件传送到下一道工序的卡盘上，并且前工序工件端面的跳动公差高达 0.001~0.002mm。

使用梳齿形刀架可实现稳定的加工，内置电动机的主轴可实现振动小的高速加工。表面粗糙度可达到 R_{max} 0.2μm。

（资料：津上·信州工厂）

外圆切削

加工材料	工件名称	试件
	工件材料	易切削不锈钢（相当于SUS303）
	硬度	
	加工前热处理状态	
使用刀具	名称	可转位车刀
	切削刃的材料种类	硬质合金涂层
	型号（制造企业）	TNMM160408-57（东芝泰珂洛）
	刀具夹持方法	通过楔形螺母固定在旋转支架上
切削条件	切削速度/(m/min)	125
	转速/(r/min)	2000
	进给速度/(mm/r)	0.25
	切削深度/mm	1.5
	切削液（名称）	水溶性（ML0735）
使用机器	名称	数控精密自动车床
	型号（制造企业）	S20（D）（津上）
	机器输出功率/kW	主轴 2.2/3.7
	数控装置（轴数）	FANUC 0-TC（6）

加工零部件的形状与尺寸：$\phi17h7^{~0}_{-0.018}$，$\phi20$，12S，C1，30，5，35，○ 0.006

要求精度			
圆度	0.006mm（公差的1/3）	平面度	
直线度		垂直度	
圆柱度	0.006mm（公差的1/3）		
平行度		已加工表面粗糙度	▽▽12S

在自动车床中，由于使用导套，因此圆度和圆柱度等容易受到导套周围的刚度和切削阻力大小的影响。

在本次试加工中，将刀具（刀片）改成所谓的低阻力型以减少切削阻力，可将圆度从 5.6μm 提高到 3.2μm，将直径偏差精度从 6μm 提高到 3μm，表面粗糙度从 $R_{max}11\mu m$ 提高到 $R_{max}10\mu m$。改进前使用的刀片型号为TNMG160408R-S，样品数为 30 个。

（资料：津上·长冈工厂）

切断

加工材料	工件名称	网球拍
	工件材料	A2017
	硬度	
	加工前热处理状态	
使用刀具	名称	切断车刀
	切削刃的材料种类	钴高速钢
	型号（制造企业）	（不二越）
	刀具夹持方法	用刀架固定
切削条件	切削速度/(m/min)	
	转速/(r/min)	600
	进给速度/(mm/r)	0.02
	切削深度/mm	
	切削液（名称）	水溶性
使用机器	名称	精密车削和加工中心
	型号（制造企业）	系统 TA3-Ⅱ（津上）
	机器输出功率/kW	工作主轴 AC15/11 刀具主轴 AC7.5/5.5
	数控装置（轴数）	FANUC 15T-F（5）

加工零部件的形状与尺寸：65，15

要求精度			
圆度		平面度	
直线度		垂直度	
圆柱度			
平行度		已加工表面粗糙度	

为了减少铣削加工时的振动，在该工件上设置了凸台。该部分由尾座轴支撑着进行加工，最后用切断车刀将其切掉。

一开始使用的是硬质合金焊接车刀，但在即将切断之前，尾座轴会把工件挤压至主轴侧，导致刀尖受损。然而，如果没有尾座轴，则工件颤振，无法提高主轴的转速。因此，通过采用中心调整机构，其特点是采用了用户宏程序，由尾座轴的后退端支撑工件（尾座轴不会对工件施加负荷），同时将尾座端替换成耐冲击性强的钴高速钢成形车刀，解决了这个问题。

（资料：津上·长冈工厂）

加工材料	工件名称	试件
	工件材料	BSBM2
	硬度	
	加工前热处理状态	
使用刀具	名称	可转位车刀
	切削刃的材料种类	烧结金刚石
	型号（制造企业）	
	刀具夹持方法	用螺钉固定在刀架上
切削条件	切削速度/(m/min)	190
	转速/(r/min)	1000
	进给速度/(mm/r)	0.02
	切削深度/mm	0.02
	切削液（名称）	非水溶性（α切削2001）
使用机器	名称	高精密小型数控车床
	型号（制造企业）	CINCOM RL20（西铁城钟表）
	机器输出功率/kW	主轴电动机：3.7　伺服：0.4×2
	数控装置（轴数）	FANUC 0T-C（2）

加工零部件的形状与尺寸：试件用螺钉固定在主轴上（圆度，表面粗糙度）

要求精度			
圆度		平面度	
直线度		垂直度	
圆柱度			
平行度		已加工表面粗糙度	

检测的结果显示，圆度为 $0.1\sim0.2\mu m$，已加工表面粗糙度为 $R_{max}0.5\mu m$，实现了高精度加工。

（资料：西铁城钟表）

加工材料	工件名称	机器零件
	工件材料	BSBM2
	硬度	
	加工前热处理状态	
使用刀具	名称	预磨车刀
	切削刃的材料种类	金属陶瓷
	型号（制造企业）	CNMG120408N-UG（住友电气工业）
	刀具夹持方法	
切削条件	切削速度/(m/min)	
	转速/(r/min)	2500
	进给速度/(mm/r)	0.03
	切削深度/mm	2.5
	切削液（名称）	水溶性（Hysol X）
使用机器	名称	主轴固定型数控车床
	型号（制造企业）	CINCOM-GL30（西铁城钟表）
	机器输出功率/kW	7.5
	数控装置（轴数）	FANUC 0T-C（3）

加工零部件的形状与尺寸：$\phi20$、$\phi25$（测量）

要求精度			
圆度		平面度	
直线度		垂直度	
圆柱度			
平行度		已加工表面粗糙度	

$\phi20mm$、$\phi25mm$ 处均可得到 $1\sim2\mu m$ 的圆度。

（资料：西铁城钟表）

外圆切削

外圆切削

加工材料	工件名称	带槽棒材	
	工件材料	S48C	
	硬度	220~240HBW	
	加工前热处理状态	回火	
使用刀具	名称	可转位车刀①	可转位车刀②
	切削刃的材料种类	铝涂层（TB13）	金属陶瓷（NS530）
	型号（制造企业）	TNMG160408-32X（东芝泰珂洛）	
	刀具夹持方法	PTGNR2525M3	
切削条件	切削速度/(m/min)	100	100
	转速/(r/min)	270~400	270~400
	进给速度/(mm/r)	0.1~0.4	0.2
	切削深度/mm	1.5	1.5
	切削液（名称）	干式切削	
使用机器	名称	数控车床	
	型号（制造企业）	LH35N（大隈）	
	机器输出功率/kW	22	
	数控装置（轴数）	OSP（3）	

加工零部件的形状与尺寸：600，φ120

要求精度		
圆度		平面度
直线度		垂直度
圆柱度		
平行度		已加工表面粗糙度

试着用以下两种刀具加工同一工件。

① 由于以前没有耐磨性和耐缺损性方面好的涂层材料，因此使用的刀具表面具有特殊涂层，并涂敷高韧性涂层材料（TB13），通过断续切削进行评价。其结果是获得了良好的效果，寿命约为传统涂层材料的3倍以上。

② 金属陶瓷刀具一直以来被认为不适于粗加工和断续切削加工。因此，使用车削专用的高韧性金属陶瓷（NS530），比较了其与传统金属陶瓷的耐缺损性。结果发现，NS530的寿命约为传统金属陶瓷的2倍。

（资料：东芝泰珂洛）

加工材料	工件名称	棒材
	工件材料	FCD60
	硬度	210~230HBW
	加工前热处理状态	
使用刀具	名称	可转位车刀
	切削刃的材料种类	铝涂层（T842）
	型号（制造企业）	TNMG160408-33（东芝泰珂洛）
	刀具夹持方法	PTGNR2525M3
切削条件	切削速度/(m/min)	200
	转速/(r/min)	530~800
	进给速度/(mm/r)	0.3
	切削深度/mm	1.5
	切削液（名称）	干式切削
使用机器	名称	数控车床
	型号（制造企业）	LH35N（大隈）
	机器输出功率/kW	22
	数控装置（轴数）	OSP（3）

加工零部件的形状与尺寸：600，φ120

要求精度		
圆度		平面度
直线度		垂直度
圆柱度		
平行度		已加工表面粗糙度

以前，延展性好的材料的加工刀具涂层材料的寿命都不长。因此，使用延展性材料专用的新材料（T842），与传统涂层材料进行比较。

其结果是，传统涂层刀具在切削开始后约5min就出现了火花，加工中止（寿命）。

另一方面，T842在切削15min，即3倍时长后也仅出现了正常磨损，但还处于能够进一步切削的状态。

（资料：东芝泰珂洛）

外圆切削·切槽

加工材料	工件名称	机械零件
	工件材料	S45C
	硬度	170HBW
	加工前热处理状态	
使用刀具	名称	可转位车刀
	切削刃的材料种类	金属陶瓷（N308）
	型号（制造企业）	CGWSR2525－FLR5G（东芝泰珂洛）
	刀具夹持方法	夹持
切削条件	切削速度/(m/min)	150
	转速/(r/min)	1194～1705
	进给速度/(mm/r)	切槽0.1，外圆切削0.2
	切削深度/mm	槽宽5×槽深3，外圆切削1.5
	切削液（名称）	干式切削
使用机器	名称	数控车床
	型号（制造企业）	LR25（大隈）
	机器输出功率/kW	37/45
	数控装置（轴数）	OSP（4）

加工零部件的形状与尺寸：$\phi 28$, $\phi 40$, 25, 5, 10

要求精度	圆度		平面度	
	直线度		垂直度	
	圆柱度			
	平行度		已加工表面粗糙度	12.5S 以下

对于这种工件的加工，以前必须将工件重新安装后再加工，才能避免卡盘和支架会发生摩擦。此外，切槽和圆周切削需要使用3把刀具。

因此，通过使用金属陶瓷材质的刀具（FLEX），能够用单个卡盘进行加工，从而缩短加工时间。并且，使用的刀具也减为1把。

（资料：东芝泰珂洛）

加工材料	工件名称	环状物
	工件材料	S45C
	硬度	180～200HBW
	加工前热处理状态	回火
使用刀具	名称	可转位车刀
	切削刃的材料种类	铝涂层（T823）
	型号（制造企业）	TPGT110204－SS（东芝泰珂洛）
	刀具夹持方法	C12Q－STFPR11
切削条件	切削速度/(m/min)	100
	转速/(r/min)	1600
	进给速度/(mm/r)	0.2
	切削深度/mm	1.0
	切削液（名称）	干式切削
使用机器	名称	数控车床
	型号（制造企业）	LH35N（大隈）
	机器输出功率/kW	22
	数控装置（轴数）	OSP（3）

加工零部件的形状与尺寸：20, $\phi 20$, $\phi 80$

要求精度	圆度		平面度	
	直线度		垂直度	
	圆柱度			
	平行度		已加工表面粗糙度	

以前，没有锋利度好、排屑性佳、无方向限制的正型内孔加工用刀片。因此，使用带有新的断屑槽（正型SS）的刀片，测试其内径加工中的切屑处理性能。

其结果是，切屑的形状变成了卷曲的"C"形，可以毫不费力地清理掉。

（资料：东芝泰珂洛）

内孔切槽 圆切削（同时双轴控制）

加工材料	工件名称	环状物		
	工件材料	S45C		
	硬度	150~180HBW		
	加工前热处理状态			
使用刀具	名称	内孔切槽用可转位车刀		
	切削刃的材料种类	金属陶瓷（N308）		
	型号（制造企业）	SNGR10K08（东芝泰珂洛）		
	刀具夹持方法	螺钉固定		
切削条件	切削速度/(m/min)	70		
	转速/(r/min)			
	进给速度/(mm/r)	0.1		
	切削深度/mm	槽宽2×槽深2		
	切削液（名称）	水溶性（乳剂）		
使用机器	名称	数控车床		
	型号（制造企业）	LB15C（大限）		
	机器输出功率/kW	5.5/7.5		
	数控装置（轴数）	OSP（2）		
要求精度	圆度		平面度	
	直线度		垂直度	
	圆柱度			
	平行度		已加工表面粗糙度	

这是一个使用了刀杆直径为10mm的内孔加工用刀具进行切槽加工的示例。该金属陶瓷材质（N308）刀具，刀尖的位置精度稳定，可进行高精度的切槽加工。

（资料：东芝泰珂洛）

加工材料	工件名称	轴	
	工件材料	SCM415	
	硬度	135~145HBW	
	加工前热处理状态	回火	
使用刀具	名称	可转位车刀（粗加工）	可转位车刀（精加工）
	切削刃的材料种类	铝涂层（T823）	
	型号（制造企业）	DNMG150412-51（东芝泰珂洛）	DNMG150408-17（东芝泰珂洛）
	刀具夹持方法	PDJNR2525	
切削条件	切削速度/(m/min)	200	200
	转速/(r/min)	约1000	约1000
	进给速度/(mm/r)	0.6~0.8	0.2
	切削深度/mm	0.5~1.5	0.5~1.5
	切削液（名称）	干式切削	
使用机器	名称	数控车床	
	型号（制造企业）	LH35N（大限）	
	机器输出功率/kW	22	
	数控装置（轴数）	OSP（3）	
要求精度	圆度		平面度
	直线度		垂直度
	圆柱度		
	平行度		已加工表面粗糙度

由于在进给速度0.6~0.8mm/r的粗加工中，切屑过于飞散，因此，更换新断屑槽（51型），发现切屑平均长度为100mm以下，并且呈现稳定的排出状态，可以进行良好的切屑处理性能。

接下来是精加工，此前没有在低碳钢或塑性材料的精加工中能很好处理切屑的断屑槽。因此，使用低碳钢或塑性材料专用的新断屑槽（17型），测试其切屑处理性能。该断屑槽针对精加工时0.5~1.5mm切削深度以及R和锥形部分的变化范围内，都表现出稳定的切屑处理性能。

（资料：东芝泰珂洛）

加工材料	工件名称	试件
	工件材料	S45C
	硬度	210~230HBW
	加工前热处理状态	回火
使用刀具	名称	端面切槽用可转位车刀
	切削刃的材料种类	金属陶瓷（N308）
	型号（制造企业）	CFGSR2525-3SA（东芝泰珂洛）
	刀具夹持方法	夹持
切削条件	切削速度/(m/min)	100
	转速/(r/min)	1061
	进给速度/(mm/r)	0.1
	切削深度/mm	槽宽3×槽深3~9
	切削液（名称）	水溶性（乳剂）
使用机器	名称	数控车床
	型号（制造企业）	LH35N（大隈）
	机器输出功率/kW	15/22（连续/30分定格）
	数控装置（轴数）	OSP（2）

要求精度	圆度		平面度	
	直线度		垂直度	
	圆柱度			
	平行度		已加工表面粗糙度	

这是一个使用端面切槽车刀（CFG）对S45C进行加工的示例。

它可以加工槽宽为3~8mm，最小加工直径为30mm的沟槽。通过更换压板、刀片等，可以加工出各种槽形。切屑处理效果好，精加工表面质量好。

（资料：东芝泰珂洛）

加工材料	工件名称	试件
	工件材料	S50C
	硬度	250HBW
	加工前热处理状态	
使用刀具	名称	切槽用可转位车刀
	切削刃的材料种类	铝涂层（AC330）
	型号（制造企业）	GMER2525-40（住友电气工业）
	刀具夹持方法	夹持
切削条件	切削速度/(m/min)	120
	转速/(r/min)	
	进给速度/(mm/r)	切槽0.1，外圆切削0.2
	切削深度/mm	1.5
	切削液（名称）	干式切削
使用机器	名称	数控车床
	型号（制造企业）	AX-30（池贝）
	机器输出功率/kW	30
	数控装置（轴数）	

要求精度	圆度		平面度	
	直线度		垂直度	
	圆柱度			
	平行度		已加工表面粗糙度	

以前，要进行如图中阴影部分那样的加工，需要2个刀架，1个用于切槽，另1个用于外圆加工，因此更换刀具很费时。

通过使用切槽车刀（GME）和带断屑槽的刀片，重复图示加工，只需1个刀架即可解决，省去了换刀时间，加工效率提高了25%。

（资料：住友电气工业）

外圆切削

加工材料	工件名称	轴承零件
	工件材料	SNCM630
	硬度	300HBW
	加工前热处理状态	
使用刀具	名称	可转位车刀
	切削刃的材料种类	硬质合金铝涂层（AC15）
	型号（制造企业）	CNMG120412N-MU（住友电气工业）
	刀具夹持方法	杠杆式固定
切削条件	切削速度/(m/min)	200
	转速/(r/min)	1026
	进给速度/(mm/r)	0.35
	切削深度/mm	4.0
	切削液（名称）	水溶性
	使用机器（制造企业）	数控车床（MD5S型，吉特迈）

加工零部件的形状与尺寸：φ70，φ35

迄今使用的刀具（半精加工用断屑槽），由于切屑易断裂，使切削温度升高，缩短了刀具寿命。此外，还经常发生崩刃现象。相比之下，双面使用粗加工用断屑槽（MU）后，切屑流动顺畅，刀具寿命提高了1.5倍。而且还消除了崩刃现象，获得了稳定的刀具寿命。

（资料：住友电气工业）

内孔切削

加工材料	工件名称	制动鼓
	工件材料	合金铸铁
	硬度	207~255HBW
	加工前热处理状态	
使用刀具	名称	可转位车刀
	切削刃的材料种类	CBN（BN550）
	型号（制造企业）	CNMA432（住友电气工业）
	刀具夹持方法	刀架
切削条件	切削速度/(m/min)	450
	转速/(r/min)	350
	进给速度/(mm/r)	0.18
	切削深度/mm	0.4
	切削液（名称）	干式切削
	使用机器（制造企业）	数控车床

加工零部件的形状与尺寸：230，φ410

加工的目的是提高CBN刀具在铸铁精加工中的使用寿命和稳定性。

使用陶瓷刀具，V_B磨损发生得很快，切削20件后就达到了使用寿命。因此，通过使用BN550（CBN），使其能够切削128件，使用寿命延长至陶瓷的约6倍，包括换刀时间和精度控制时间在内，可缩短6h。

（资料：住友电气工业）

端面切削

加工材料	工件名称	末级齿轮
	工件材料	SCM415H
	硬度	60~63HRC
	加工前热处理状态	淬火
使用刀具	名称	可转位车刀
	切削刃的材料种类	CBN（BN250）
	型号（制造企业）	CNMA432（住友电气工业）
	刀具夹持方法	刀架
切削条件	切削速度/(m/min)	59~90
	转速/(r/min)	
	进给速度/(mm/r)	0.15
	切削深度/mm	0.15
	切削液（名称）	干式切削
	使用机器（制造企业）	数控车床

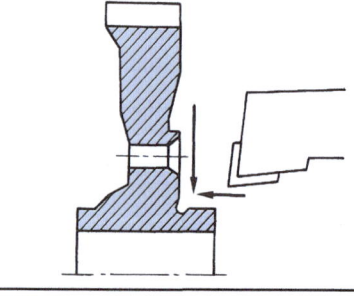

为了研究淬火钢断续切削中最佳的刀具材料和切削条件，首先用BN20进行湿式切削，在加工30~40件左右时发生了崩刃。干式切削时，使用寿命提高到200件。接着采用BN250进行干式切削，加工400件后也没有出现崩刃现象，得到了良好的加工效果。即BN250（干式）的刀具寿命比BN200（干式）延长了2倍。

（资料：住友电气工业）

加工材料	工件名称	气门座圈
	工件材料	FMS615
	硬度	46～50HRC
	加工前热处理状态	
使用刀具	名称	可转位车刀（FP14）
	切削刃的材料种类	CBN（BNX4）
	型号（制造企业）	SNG421（住友电气工业）
	刀具夹持方法	刀架
切削条件	切削速度/(m/min)	59
	转速/(r/min)	
	进给速度/(mm/r)	0.15
	切削深度/mm	0.2
	切削液（名称）	水溶性
	使用机器（制造企业）	数控车床（森精机）

加工零部件的形状与尺寸：13.4；φ51；φ45

目的是为了评价 CBN 刀具对气门座圈（铁系烧结合金）进行切削加工时的材料性能。其结果是，检测加工 200 件后的二次磨损（V_B）得到的参数，BNX：$V_B = 0.08$mm，其他公司 CBN：$V_B = 0.11$mm。

（资料：住友电气工业）

加工材料	工件名称	螺钉
	工件材料	S45C（锻造面）
	硬度	
	加工前热处理状态	
使用刀具	名称	可转位螺纹切削车刀
	切削刃的材料种类	金属陶瓷（T130A）
	型号（制造企业）	TME150R（住友电气工业）
	刀具夹持方法	杠杆式固定
切削条件	切削速度/(m/min)	100
	转速/(r/min)	1590
	进给速度/(mm/r)	1.5/间距
	切削深度/mm	10 道次
	切削液（名称）	水溶性
	使用机器（制造企业）	数控车床

加工零部件的形状与尺寸：M20×P1.5（锻造面）；20

过去使用研磨级刀片，刀具寿命为 30 件/刃，有时切屑会卡在刀架上。因此，通过使用 M 级精度的带有 3D 断屑槽的刀片，寿命提高了 5 倍，达到 150 件/刃，可以稳定地处理向一定方向卷曲后流出的切屑。此外，道次次数也可从 15 道次减少到 10 道次，刀片成本降低了 25%。

（资料：住友电气工业）

加工材料	工件名称	轴承
	工件材料	SUJ2
	硬度	160HBW
	加工前热处理状态	退火
使用刀具	名称	可转位切断车刀
	切削刃的材料种类	硬质合金（AC225）
	型号（制造企业）	刀架：WCFH32-3，刀片：WCFN3A（住友电气工业）
	刀具夹持方法	由密封块进行夹持
切削条件	切削速度/(m/min)	150
	转速/(r/min)	800～1200
	进给速度/(mm/r)	0.1
	切削深度/mm	宽3×深10
	切削液（名称）	水溶性（YOSHIROKEN）
	使用机器（制造企业）	数控车床（AX30 型，池贝铁工）

加工零部件的形状与尺寸：φ40；φ60；刀片；刀架；密封块

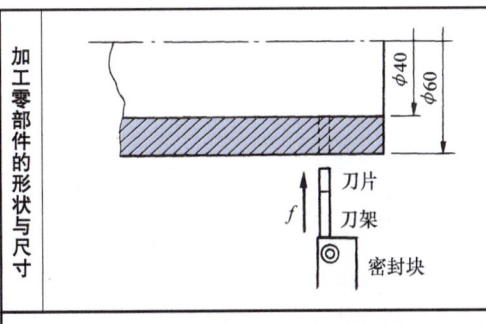

由于是批量生产的产品，因此目标是提高加工效率。同时为满足夜间无人操作的需求，刀具寿命必须达到 1000 件/刃，并且要保证切屑处理面的形状和长度不会堵塞输送机。另外，由于在下一工序中进行磨削加工，因此表面粗糙度是没有问题的，但如果产生毛刺，工件输送机就会停机，因此要注意控制毛刺。

（资料：住友电气工业）

端面切削　螺纹切削　切断

33

外圆切削

加工材料	工件名称	变速器零件
	工件材料	FCD50
	硬度	
	加工前热处理状态	
使用刀具	名称	可转位车刀
	切削刃的材料种类	CBN（BN520）
	型号（制造企业）	CNMA432（住友电气工业）
	刀具夹持方法	
切削条件	切削速度/（m/min）	200
	转速/（r/min）	
	进给速度/（mm/r）	0.15
	切削深度/mm	0.2
	切削液（名称）	水溶性
	使用机器（制造企业）	数控车床

加工零部件的形状与尺寸

其目的是延长 CBN 刀具在铸铁精加工中的使用寿命和稳定性。其结果是，减少了刀具磨损，获得了 6～12S 的表面粗糙度，可加工 2100 件。

（资料：住友电气工业）

加工材料	工件名称	轴
	工件材料	S45C
	硬度	
	加工前热处理状态	
使用刀具	名称	可转位车刀
	切削刃的材料种类	金属陶瓷涂层（UP35N）
	型号（制造企业）	CNMG432MA（三菱综合材料）
	刀具夹持方法	
切削条件	切削速度/（m/min）	220
	转速/（r/min）	
	进给速度/（mm/r）	0.2
	切削深度/mm	1.25
	切削液（名称）	水溶性
	使用机器（制造企业）	数控车床

加工零部件的形状与尺寸

与传统涂层刀具的使用寿命（300 件/刃）相比，金属陶瓷涂层（UP35N）刀具的刀具寿命显著提高，为 1200 件/刃。
并且，它还打破了金属陶瓷材料不适合湿式加工的传统观念。

（资料：三菱综合材料）

加工材料	工件名称	齿轮
	工件材料	SCr420
	硬度	
	加工前热处理状态	
使用刀具	名称	可转位车刀
	切削刃的材料种类	金属陶瓷涂层（UP35N）
	型号（制造企业）	CNMG432CA（三菱综合材料）
	刀具夹持方法	
切削条件	切削速度/（m/min）	120
	转速/（r/min）	
	进给速度/（mm/r）	0.2
	切削深度/mm	1.0
	切削液（名称）	干式切削
	使用机器（制造企业）	数控车床

加工零部件的形状与尺寸

传统的金属陶瓷刀具的加工数量为 500 件/刃，而金属陶瓷涂层（UP35N）的使用实现了刀具寿命的大幅提高，达 1000 件/刃。

（资料：住友电气工业）

外圆切削

加工材料	工件名称	涡轮轴
	工件材料	SCM415
	硬度	200HBW
	加工前热处理状态	
使用刀具	名称	可转位车刀
	切削刃的材料种类	金属陶瓷（CT525）
	型号（制造企业）	CNMG120404-MF（山特维克）
	刀具夹持方法	杠杆式固定
切削条件	切削速度/(m/min)	180
	转速/(r/min)	
	进给速度/(mm/r)	0.2
	切削深度/mm	0.1
	切削液（名称）	水溶性（乳剂）
	使用机器（制造企业）	数控车床

这是车削加工涡轮轴（SCM415）的示例。CT525-MF刀片在上拉过程中具有优异的切屑处理能力，其刀具寿命是研磨型金属陶瓷刀片的1.3倍。

（资料：山特维克）

加工材料	工件名称	托架
	工件材料	SUS304
	硬度	250HBW
	加工前热处理状态	
使用刀具	名称	可转位车刀
	切削刃的材料种类	金属陶瓷（CT525）
	型号（制造企业）	CNMG120408-MF（山特维克）
	刀具夹持方法	杠杆式固定
切削条件	切削速度/(m/min)	150
	转速/(r/min)	
	进给速度/(mm/r)	0.2
	切削深度/mm	2
	切削液（名称）	水溶性（乳剂）
	使用机器（制造企业）	数控车床

在不锈钢的半粗加工中，CT525-MF刀片的刀具寿命是其他公司PVD处理的TiN涂层刀具的2倍。

（资料：山特维克）

加工材料	工件名称	轴
	工件材料	17-4PH
	硬度	
	加工前热处理状态	
使用刀具	名称	可转位车刀
	切削刃的材料种类	涂层（GC215）
	型号（制造企业）	CNMG120404-MF（山特维克）
	刀具夹持方法	杠杆式固定
切削条件	切削速度/(m/min)	50
	转速/(r/min)	
	进给速度/(mm/r)	0.15~0.3
	切削深度/mm	0.5
	切削液（名称）	水溶性（乳剂）
	使用机器（制造企业）	数控车床

这是用GC215刀片切削不锈钢的示例。其刀具寿命稳定，减少了用数控进行尺寸修正的次数。

（资料：山特维克）

外圆切削

加工材料	工件名称	主轴
	工件材料	SCM435
	硬度	200HBW
	加工前热处理状态	
使用刀具	名称	可转位车刀
	切削刃的材料种类	金属陶瓷（CT525）
	型号（制造企业）	TNMG160404－MF（山特维克）
	刀具夹持方法	杠杆式固定
切削条件	切削速度/(m/min)	140
	转速/(r/min)	
	进给速度/(mm/r)	0.12
	切削深度/mm	2
	切削液（名称）	非水溶性
	使用机器（制造企业）	数控车床

这是SCM435材质的主轴外径切削的例子。与其他公司的金属陶瓷（P15研磨型）相比，具有良好的切屑处理性能和刀具寿命。

后刀面的磨损也少，可以实现高效率的加工。

（资料：山特维克）

加工材料	工件名称	轴
	工件材料	SUS316
	硬度	
	加工前热处理状态	
使用刀具	名称	可转位车刀
	切削刃的材料种类	金属陶瓷（CT525）
	型号（制造企业）	TNMG160408－QF（山特维克）
	刀具夹持方法	杠杆式固定
切削条件	切削速度/(m/min)	190
	转速/(r/min)	
	进给速度/(mm/r)	0.15
	切削深度/mm	0.15
	切削液（名称）	干式切削
	使用机器（制造企业）	数控车床

这是加工不锈钢阶梯轴的例子。使用金属陶瓷精切削用刀片（CT525－QF）后，刀具寿命提高了1.5倍，而且切屑处理性能良好。

（资料：山特维克）

加工材料	工件名称	管箱法兰
	工件材料	SUS316
	硬度	
	加工前热处理状态	
使用刀具	名称	可转位车刀
	切削刃的材料种类	金属陶瓷（CT525）
	型号（制造企业）	CNMG120408－QF（山特维克）
	刀具夹持方法	杠杆式固定
切削条件	切削速度/(m/min)	150
	转速/(r/min)	
	进给速度/(mm/r)	0.2
	切削深度/mm	0.2
	切削液（名称）	水溶性（乳剂）
	使用机器（制造企业）	数控车床

在切削不锈钢时，CT525－QF刀片（用于精切削）的刀具寿命是其他公司金属陶瓷刀片（P15）的1/3。该刀具有后刀面磨损少，不容易产生积屑瘤的特点。

（资料：山特维克）

加工材料	工件名称	压入座
	工件材料	SCH21
	硬度	200HBW
	加工前热处理状态	
使用刀具	名称	可转位车刀
	切削刃的材料种类	金属陶瓷（CT525）
	型号（制造企业）	TNMG160408-MF（山特维克）
	刀具夹持方法	杠杆式固定
切削条件	切削速度/(m/min)	180
	转速/(r/min)	
	进给速度/(mm/r)	0.1
	切削深度/mm	0.3
	切削液（名称）	干式切削
	使用机器（制造企业）	数控车床

这是压入座车削加工的例子。与其他公司的研磨型金属陶瓷（P15）刀片相比，CT525-MF刀片（用于半-精切削）的刀具寿命提高了1.5倍。此外，由于减少了刀片的更换频率，还大幅提高了加工效率。

（资料：山特维克）

加工材料	工件名称	差速器箱体
	工件材料	FCD55
	硬度	
	加工前热处理状态	
使用刀具	名称	可转位车刀
	切削刃的材料种类	金属陶瓷（CT525）
	型号（制造企业）	DNMG150408-MF（山特维克）
	刀具夹持方法	杠杆式固定
切削条件	切削速度/(m/min)	250
	转速/(r/min)	
	进给速度/(mm/r)	0.15~0.2
	切削深度/mm	0.7
	切削液（名称）	水溶性（乳剂）
	使用机器（制造企业）	数控车床

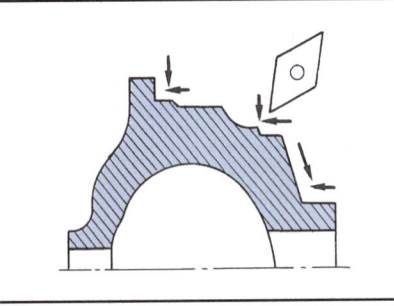

这是CT525-MF刀片用于FCD55材质的差速器箱体上进行精加工断续切削的例子。其刀具寿命为其他公司的金属陶瓷刀具的1.5倍，得到大幅提高。

（资料：山特维克）

加工材料	工件名称	机械零件
	工件材料	S45C
	硬度	250HBW
	加工前热处理状态	
使用刀具	名称	可转位车刀
	切削刃的材料种类	金属陶瓷（CT525）
	型号（制造企业）	TNMG160404-QF（山特维克）
	刀具夹持方法	杠杆式固定
切削条件	切削速度/(m/min)	250
	转速/(r/min)	
	进给速度/(mm/r)	0.2
	切削深度/mm	0.15
	切削液（名称）	水溶性（乳剂）
	使用机器（制造企业）	数控车床

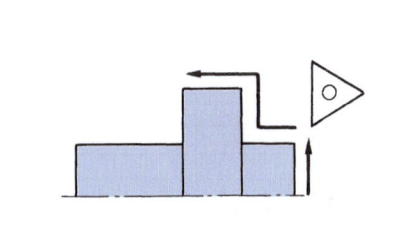

以前使用的是研磨型的金属陶瓷，但有时会突然发生缺损。通过使用CT525-QF，刀具寿命提高了1.3倍，而且其性能稳定，提高了加工效率。

（资料：山特维克）

外圆·端面切削

加工材料	工件名称	机械零件	加工零部件的形状与尺寸
	工件材料	SUS304	
	硬度	250HBW	
	加工前热处理状态		
使用刀具	名称	可转位车刀	
	切削刃的材料种类	金属陶瓷（CT525）	
	型号（制造企业）	CNMG120408-MF（山特维克）	
	刀具夹持方法	杠杆式固定	
切削条件	切削速度/(m/min)	170	在不锈钢的精切削中，CT525-MF刀片的刀具寿命比经CVD处理的TiN涂层刀片提高了约2倍，加工效率也有所提高。
	转速/(r/min)		
	进给速度/(mm/r)	0.1	
	切削深度/mm	1	
	切削液（名称）	水溶性（乳剂）	
	使用机器（制造企业）	数控车床	（资料：山特维克）

加工材料	工件名称	法兰	加工零部件的形状与尺寸
	工件材料	SUS420	
	硬度		
	加工前热处理状态		
使用刀具	名称	可转位车刀	
	切削刃的材料种类	金属陶瓷（CT525）	
	型号（制造企业）	DNMG150404-MF（山特维克）	
	刀具夹持方法	杠杆式固定	
切削条件	切削速度/(m/min)	150	将CT525-MF刀片用于不锈钢的法兰加工。与其他公司的金属陶瓷刀片相比，其刀具寿命提高了2倍。
	转速/(r/min)		
	进给速度/(mm/r)	0.1	
	切削深度/mm	0.1	
	切削液（名称）	水溶性（乳剂）	
	使用机器（制造企业）	数控车床	（资料：山特维克）

加工材料	工件名称	活塞	加工零部件的形状与尺寸
	工件材料	SK3	
	硬度		
	加工前热处理状态		
使用刀具	名称	可转位车刀	
	切削刃的材料种类	金属陶瓷（CT525）	
	型号（制造企业）	TNMG160408-QF（山特维克）	
	刀具夹持方法	杠杆式固定	
切削条件	切削速度/(m/min)	180	这是加工SK3材质活塞的示例。该刀片的切屑处理性能有所提高，与以前的金属陶瓷刀片相比，不会造成切屑缠绕在刀架上的情况，并且已加工表面粗糙度良好，加工效率大幅提高。
	转速/(r/min)		
	进给速度/(mm/r)	0.25	
	切削深度/mm	0.3	
	切削液（名称）	水溶性（乳剂）	
	使用机器（制造企业）	数控车床	（资料：山特维克）

加工材料	工件名称	前太阳轮	加工零部件的形状与尺寸	
	工件材料	SCr420H（锻造面）		
	硬度			
	加工前热处理状态			
使用刀具	名称	可转位车刀		
	切削刃的材料种类	涂层（GC215）		
	型号（制造企业）	TNMG160408－MF（山特维克）		
	刀具夹持方法	杠杆式固定		
切削条件	切削速度/(m/min)	150	这是对 SCr420H 材质的前太阳轮进行内径精切削的例子。GC215－MF 刀片的刀具寿命是其他公司金属陶瓷刀片的 2 倍。 （资料：山特维克）	
	转速/(r/min)			
	进给速度/(mm/r)	0.25		
	切削深度/mm	1.5		
	切削液（名称）	水溶性（乳剂）		
	使用机器（制造企业）	数控车床		

加工材料	工件名称	滑轮	加工零部件的形状与尺寸	
	工件材料	S12C		
	硬度			
	加工前热处理状态			
使用刀具	名称	可转位车刀		
	切削刃的材料种类	金属陶瓷（CT525）		
	型号（制造企业）	TNMG160404－QF（山特维克）		
	刀具夹持方法	杠杆式固定		
切削条件	切削速度/(m/min)	280	这是加工 S12C 材质滑轮的示例。与其他公司的研磨型刀片相比，通过使用 CT525－QF 刀片使刀具寿命增加了 1/4。此外，没有出现颤振，已加工表面粗糙度也较好。 （资料：山特维克）	
	转速/(r/min)			
	进给速度/(mm/r)	0.08		
	切削深度/mm	0.1		
	切削液（名称）	干式切削		
	使用机器（制造企业）	数控车床		

加工材料	工件名称	外圈	加工零部件的形状与尺寸	
	工件材料	SCM415		
	硬度	200HBW		
	加工前热处理状态			
使用刀具	名称	可转位车刀		
	切削刃的材料种类	金属陶瓷（CT515）		
	型号（制造企业）	TNMG160404－QF（山特维克）		
	刀具夹持方法	杠杆式固定		
切削条件	切削速度/(m/min)	230	CT515－QF 刀片具有优异的切屑处理性能，并且刀具寿命是研磨型金属陶瓷刀片的 1.4 倍。 （资料：山特维克）	
	转速/(r/min)			
	进给速度/(mm/r)	0.17		
	切削深度/mm	0.2		
	切削液（名称）	水溶性（乳剂）		
	使用机器（制造企业）	数控车床		

内孔切削 / 端面切削

加工材料	工件名称	齿轮
	工件材料	SCM415
	硬度	200HBW
	加工前热处理状态	
使用刀具	名称	可转位车刀
	切削刃的材料种类	金属陶瓷（CT525）
	型号（制造企业）	TPMR110304-53（山特维克）
	刀具夹持方法	夹持
切削条件	切削速度/(m/min)	180
	转速/(r/min)	
	进给速度/(mm/r)	0.15
	切削深度/mm	0.2
	切削液（名称）	水溶性（乳剂）
	使用机器（制造企业）	数控车床

这是齿轮轴孔车削加工的示例。切屑处理得到改善，刀具寿命提高了1.5倍。与传统产品相比，后刀面的磨损较小，也没有出现崩刃现象。

（资料：山特维克）

加工材料	工件名称	轮毂
	工件材料	FCD45
	硬度	
	加工前热处理状态	
使用刀具	名称	可转位车刀
	切削刃的材料种类	金属陶瓷（CT525）
	型号（制造企业）	CNMG120408-MF（山特维克）
	刀具夹持方法	杠杆式固定
切削条件	切削速度/(m/min)	220
	转速/(r/min)	
	进给速度/(mm/r)	0.1
	切削深度/mm	0.25
	切削液（名称）	水溶性（乳剂）
	使用机器（制造企业）	数控车床

在FCD45的精切削中，与金属陶瓷类刀具相比，积屑瘤的产生也较少，刀具寿命提高了1.3倍。其特点是精加工表面质量较好，可以保持稳定的切削性能。

（资料：山特维克）

加工材料	工件名称	多法兰
	工件材料	SUS440C
	硬度	
	加工前热处理状态	
使用刀具	名称	可转位车刀
	切削刃的材料种类	金属陶瓷（CT525）
	型号（制造企业）	DNMG150404-MF（山特维克）
	刀具夹持方法	杠杆式固定
切削条件	切削速度/(m/min)	150
	转速/(r/min)	
	进给速度/(mm/r)	0.07
	切削深度/mm	0.1
	切削液（名称）	水溶性（乳剂）
	使用机器（制造企业）	数控车床

这是加工不锈钢多法兰的示例。与其他公司的研磨型刀具相比，CT525-MF的刀具寿命是2.3倍，得到明显提高。

（资料：山特维克）

加工材料	工件名称	法兰	加工零部件的形状与尺寸
	工件材料	SUS304	
	硬度	250HBW	
	加工前热处理状态		
使用刀具	名称	可转位车刀	
	切削刃的材料种类	金属陶瓷（CT515）	
	型号（制造企业）	TNMG160412–QF(山特维克)	
	刀具夹持方法	杠杆式固定	
切削条件	切削速度/(m/min)	300	这是加工不锈钢法兰精的示例。刀具寿命显示为其他公司的金属陶瓷刀片的2倍，得到大幅提高。
	转速/(r/min)		
	进给速度/(mm/r)	0.3	
	切削深度/mm	0.5	
	切削液（名称）	干式切削	（资料：山特维克）
	使用机器（制造企业）	数控车床	

加工材料	工件名称	盖帽	加工零部件的形状与尺寸
	工件材料	S35C	
	硬度	220HBW	
	加工前热处理状态		
使用刀具	名称	可转位车刀	
	切削刃的材料种类	金属陶瓷（CT525）	
	型号（制造企业）	TNMG160404–QF(山特维克)	
	刀具夹持方法	杠杆式固定	
切削条件	切削速度/(m/min)	140~260	这是车削加工S35C盖帽的示例。刀具寿命延长了1.5倍，已加工表面粗糙度也得到了改善。
	转速/(r/min)		
	进给速度/(mm/r)	0.08	
	切削深度/mm	0.3	
	切削液（名称）	水溶性（乳剂）	（资料：山特维克）
	使用机器（制造企业）	数控车床	

加工材料	工件名称	汽车零件	加工零部件的形状与尺寸
	工件材料	SCM415	
	硬度	180HBW	
	加工前热处理状态	退火	
使用刀具	名称	可转位车刀	
	切削刃的材料种类	涂层（GC225）	
	型号（制造企业）	N151.2–300–25–4G（山特维克）	
	刀具夹持方法	RF151.22–2525–25	
切削条件	切削速度/(m/min)	150	以前一直使用的是带两角的切槽刀片，通过换成"Q切"之后，提高了重复定位精度，不再需要使用数控进行尺寸修正。此外，刀片刚度的提高，还大大延长了刀具寿命，比传统刀片更经济。
	转速/(r/min)		
	进给速度/(mm/r)	0.2	
	切削深度/mm	槽宽3×槽深1.5	
	切削液（名称）	水溶性（乳剂）	（资料：山特维克）
	使用机器（制造企业）	数控车床	

加工材料	工件名称	曲轴
	工件材料	FCD70（粗加工后）
	硬度	250HBW
	加工前热处理状态	
使用刀具	名称	可转位车刀
	切削刃的材料种类	陶瓷（HC6）
	型号（制造企业）	（日本特殊陶业）
	刀具夹持方法	夹持
切削条件	切削速度/(m/min)	300
	转速/(r/min)	
	进给速度/(mm/r)	0.07
	切削深度/mm	0.25
	切削液（名称）	非水溶性（威达No.2）
使用机器	名称	自动线
	型号（制造企业）	丰田工机
	机器输出功率/kW	
	数控装置（轴数）	

| 加工零部件的形状与尺寸 | |
| 要求精度 | 圆度／平面度／直线度／垂直度／圆柱度／平行度／已加工表面粗糙度 12.5z |

加工的目的是通过使用陶瓷刀具来缩短周期时间，延长刀具寿命。

以前的切削速度为150m/min，进给速度为0.07mm/r，切削深度为0.25mm的湿式切削，使用的刀具材料为金属陶瓷，寿命为60件/刃，但表面粗糙度不好。因此，为了缩短周期时间，将切削速度从150m/min提高到300m/min，并采用了最适合球墨铸铁精加工的陶瓷材料（HC6），而传统刀具则由于磨损快而不耐用。

其结果是周期缩短了一半，并且寿命也延长至约2倍（100件/刃）。

（资料：日本特殊陶业）

加工材料	工件名称	差速器箱体
	工件材料	FCD45（粗加工后）
	硬度	180HBW
	加工前热处理状态	
使用刀具	名称	可转位车刀
	切削刃的材料种类	金属陶瓷（T15），陶瓷（HC6）
	型号（制造企业）	DNMA433，TNMA432（日本特殊陶业）
	刀具夹持方法	杠杆式固定、夹持
切削条件	切削速度/(m/min)	①加工 133（T15），DNMA433 ②加工 133～165（T15），TNMA432 ③加工 399（T15），DNMA433 ④加工 399～572（HC6），TNMA432 ⑤加工 133～165（T15），TNMA432 ⑥加工 133（T15），DNMA433
	进给速度/(mm/r)	0.25
	切削深度/mm	0.5
	切削液（名称）	非水溶性（威达No.2）
使用机器		单能机

加工零部件的形状与尺寸：$\phi128_{-0.025}^{0}$，$\phi128_{0}^{+0.10}$，10，$\phi45_{-0.031}^{+0.065}$，$\phi176_{0}^{+2}$

要求精度：圆度／平面度／直线度／垂直度／圆柱度／平行度／已加工表面粗糙度 $R_a=4.0\mu m$以下

以前一直使用A公司的硬质合金涂层刀片，但通过将其换成金属陶瓷刀片和陶瓷刀片，刀具寿命延长了1.5～4倍。

（资料：日本特殊陶业）

加工材料	工件名称	盖板
	工件材料	S10C
	硬度	
	加工前热处理状态	退火
使用刀具	名称	可转位车刀
	切削刃的材料种类	硬质合金铝涂层（KC950）
	型号（制造企业）	CNMG432P（神户肯纳）
	刀具夹持方法	□25 外径用支架
切削条件	切削速度/(m/min)	376
	转速/(r/min)	1200
	进给速度/(mm/r)	0.35
	切削深度/mm	0.2~0.3
	切削液（名称）	水溶性
使用机器	名称	数控车床
	型号（制造企业）	LB10（大隈）
	机器输出功率/kW	7.5
	数控装置（轴数）	OSP（2）

以前的切削条件是切削速度为188m/min，进给速度为0.35mm/r，日生产量约为400件。由于决定将加工效率提高到500件/d，降低加工成本。因此，采用了高速切削用的涂层刀片（相当于P15），旨在将该工序中的切削速度提高一倍，缩短加工时间。
所用的高速切削用刀片KC950能够以原先切削速度（375m/min）的2倍进行加工，可以使该工序中的加工时间缩短一半，同时刀具寿命从传统的200件/刃延长到500件/刃。经评估，这种改进带来的效益超过7000日元/d。

（资料：神户肯纳）

加工材料	工件名称	塑料镜片	
	工件材料	PMMA（聚甲基丙烯酸甲酯）	
	硬度		
	加工前热处理状态		
使用刀具	名称	刀具（粗加工）	刀具（精加工）
	切削刃的材料种类	烧结金刚石	单石型金刚石
	型号（制造企业）	R0.2	R0.5
	刀具夹持方法		
切削条件	切削速度/(m/min)		
	转速/(r/min)	6000	6000
	进给速度/(mm/r)	0.0333 (200mm/min)	0.0167 (100mm/min)
	切削深度/mm	0.5	0.1
	切削液（名称）		
使用机器	名称	超精密数控车床	
	型号（制造企业）	UPL-120B（理研制钢）	
	机器输出功率/kW	0.1	
	数控装置（轴数）	FANUC 15T（3）	

使用为小直径塑料镜片量产而开发出的数控车床（UPL-120B），对隐形眼镜的基弧进行加工。镜片的基弧由初次加工材料完成。
工件材料为PMMA（聚甲基丙烯酸甲酯），加工方式为单卡盘加工 R_1、R_2 的基弧和 R_4 边缘 R。加工程序由自定义宏组成，可以通过无人操作生产多种所需个数的工件。

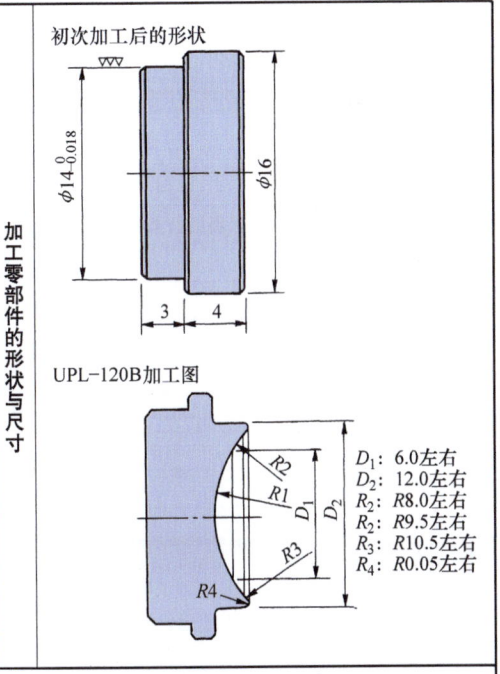

加工时间为80s，得到的加工精度为0.2μm以内，表面粗糙度为 R_{max} 0.03~0.05mm。

（资料：理研制钢）

外圆·内孔·端面切削

加工材料	工件名称	机械零件
	工件材料	SCM
	硬度	
	加工前热处理状态	淬火
使用刀具	名称	可转位车刀
	切削刃的材料种类	CBN
	型号（制造企业）	
	刀具夹持方法	
切削条件	切削速度/(m/min)	100
	转速/(r/min)	
	进给速度/(mm/r)	0.1
	切削深度/mm	0.05
	切削液（名称）	干式切削
使用机器	名称	数控车床
	型号（制造企业）	MALC-8A（三菱重工业）
	机器输出功率/kW	AC7.5/11
	数控装置（轴数）	MELDAS（2）

加工零部件的形状与尺寸：φ63、φ35H7、φ74、38

要求精度		
圆度	1.7μm（内孔）	平面度
直线度		垂直度
圆柱度		已加工表面粗糙度 2.2μm（外圆）1.5μm（内孔）
平行度		

这是淬火钢的示范加工实例。精加工表面为3.2S，可进行免磨削加工。此外，该机器还同时具有6/10000的锥度加工和1级螺纹切削功能，快速进给速度为12～15m/min，转台分度速度为1.2～0.6°/s，实现了高速化。

（资料：三菱重工业）

加工材料	工件名称	小齿轮	
	工件材料	SCM	
	硬度		
	加工前热处理状态		
使用刀具	名称	可转位车刀（粗加工）	可转位车刀（精加工）
	切削刃的材料种类	硬质合金涂层	金属陶瓷
	型号（制造企业）		
	刀具夹持方法		
切削条件	切削速度/(m/min)	180	200
	转速/(r/min)		
	进给速度/(mm/r)	0.3	0.15
	切削深度/mm	1.5	0.15
	切削液（名称）	干式切削	
使用机器	名称	立式数控车床	
	型号（制造企业）	M-L6A-V（三菱重工业）	
	机器输出功率/kW	AC7.5	
	数控装置（轴数）	MELDAS（2）	

加工零部件的形状与尺寸：φ26±0.2、φ15$^{+0.02}_{0}$、φ35.3$^{0}_{-0.05}$、18

要求精度	
圆度	平面度
直线度	垂直度
圆柱度	
平行度	已加工表面粗糙度

这是一个齿轮毛坯的示范加工实例。齿轮材质为SCM，φ30mm，偏差为21μm（H7级）。

机器的快速进给速度为20m/min，工件更换时间为3s，具有满足量产加工需要的高速性。

（资料：三菱重工业）

44

加工材料	工件名称	法兰	使用机器	名称	对置主轴车削中心
	工件材料	S45C – D（棒材）		型号（制造企业）	LT15 – M（大隈）
	硬度	170HBW		机器输出功率/kW	VAC15/11 ×2 主轴
	加工前热处理状态			数控装置（轴数）	OSP5020L（7）

加工零部件的形状与尺寸

要求精度	圆度	0.005mm	平面度	
	直线度		垂直度	
	圆柱度			
	平行度	0.03mm	已加工表面粗糙度	▽▽▽

	加工内容	外圆粗加工	外圆精加工	M6 攻螺纹
使用刀具	名称	可转位车刀	可转位车刀	高速同步丝锥
	切削刃的材料种类	硬质合金铝涂层	金属陶瓷	硬质合金 TiN 涂层
	型号（制造企业）	PCLNR2525（住友电气工业）	PDJNR2525（住友电气工业）	M6（欧士机）
	刀具夹持方法	刀架	刀架	正面加工支架
切削条件	切削速度/(m/min)	140	300	30
	转速/(r/min)	900～3000	1900	1600
	进给速度/(mm/r)	0.3	0.1	1.0
	切削深度/mm	3～4	0.2	（导孔钻孔 Φ5）
	切削液（名称）	水溶性（可溶性 NC – 10）		

目的是使中小批量零件的加工合理化，缩短加工周期。

以前，工序1、2的加工周期不均衡，但通过使用对置主轴车削中心，可以相对于左右主轴自由地实现加工平衡，使加工周期降到最低。

此外，作为复合加工采用了攻螺纹加工，其不使用传统的浮动攻螺纹，而采用一种新的同步攻螺纹技术。由此可使加工时间缩短到以前 1/3 以下，通过同步控制提高了螺纹轮廓的精度，还不再需要昂贵的攻丝机装置。

（资料：大隈）

复合加工

加工材料	工件名称	转塔	
	工件材料	SCM415	
	硬度	250HBW（渗碳淬火前）	
	加工前热处理状态	淬火	
使用刀具	名称	可转位车刀（粗加工）	5″面铣刀
	切削刃的材料种类	铝涂层	金属陶瓷
	型号（制造企业）	PCLNR3232（东芝泰珂洛）	TGD5405R（东芝泰珂珞）
	刀具夹持方法	刀架	平面铣刀心轴（BT50）
切削条件	切削速度/(m/min)	120	150
	转速/(r/min)	125~250	400
	进给速度/(mm/r)	0.6	0.4
	切削深度/mm	8	2.5（切削宽度110）
	切削液（名称）	水溶性（可溶性NC-10）	
使用机器	名称	车削中心	
	型号（制造企业）	LR45-MATC-Y（大隈）	
	机器输出功率/kW	VAC45/37（30分/连续）	
	数控装置（轴数）	OSP5020L（7）	

加工零部件的形状与尺寸：300，50.4，108

要求精度	圆度		平面度	
	直线度	0.02mm/150mm	垂直度	
	圆柱度			
	平行度	0.04mm	已加工表面粗糙度	▽，▽▽

　　加工的目的是通过工序的整合，实现大型高附加值零件的合理化加工。
　　将车削与复合加工分开的传统加工方式，改为使用具有强大复合及 *Y* 轴功能和ATC（自动换刀装置）的大型车削中心来整合工序，不仅实现了加工的合理化，而且提高了加工精度，实现了长时间的无人操作。

（资料：大隈）

加工材料	工件名称	试件			
	工件材料	SCM415			
	硬度				
	加工前热处理状态				
使用机器	名称	精密数控车床			
	型号（制造企业）	RNL-60（理研制钢）			
	机械输出功率/kW	2.2/3.7			
	数控装置（轴数）	FANUC 0T（2）			
精度	加工表面粗糙度	车削 ▽▽			
		磨削 ▽▽▽			
	加工内容	外圆和端面加工	内孔螺纹加工	内孔和端面加工	端面磨削加工
刀具	名称	可转位车刀	可转位车刀	可转位车刀	电镀砂轮
	切削刃的材料种类	金属陶瓷（N308）	金属陶瓷（N308）	金属陶瓷（NX33）	CBN#140
切削条件	转速/(r/min)	2200	1500	3000	500
	进给速度/(mm/r)	0.2	0.5	0.04	0.04
	切削深度/mm	0.25	0.1（粗），0.05（精）	1.0	0.04　0.002/次
	切削液（名称）	水溶性（江森JE260）			

加工零部件的形状与尺寸：M19.5×P0.5，φ21，13.5，7，G

　　这是使用同一台机床进行车削粗加工和磨削精加工的示例。此外，通过增加自动测量实施进程控制，还可以应对无人操作。
　　通过将数控车床作为复合加工机床使用，可以减少加工误差，缩短装卸工件的时间，简化工艺管理。
　　包括马波斯自动测量时间在内，加工时间约为60s。

（资料：理研制钢）

加工材料	工件名称	接头	
	工件材料	SUS303（磨料）	
	硬度		
	加工前热处理状态		
使用刀具	名称	可转位车刀	立铣刀（φ6mm）
	切削刃的材料种类	金属陶瓷（NX99）	硬质合金
	型号（制造企业）	DCMT11T304（三菱综合材料）	MG-EKD（欧士机）
	刀具夹持方法	3177-H045 旋转支架	3177-Y321 十字铣刀头
切削条件	切削速度/(m/min)	235	40
	转速/(r/min)	2500	2100
	进给速度/(mm/r)	0.1	0.03
	切削深度/mm	2.5	2
	切削液（名称）	非水溶性（尤希路化学 US100)	
使用机器	名称	主轴台移动型数控精密自动车床	
	型号（制造企业）	NP32（C）-Ⅱ（津上）	
	机器输出功率/kW	主 5.5/7.5 副 1.1/3.7	
	数控装置（轴数）	TSUGAM-FANUC（5）	
要求精度	圆度	2μm	
	直线度		
	圆柱度		
	平行度		
	平面度		
	垂直度		
	前面与后面的相位	±0.3°	
	已加工表面粗糙度		

这是使用机床展规格的自动车床进行加工的示例。本机床可用后面进行螺纹切削、分度（单位为15°）和圆弧切削，使用两个独立控制的刀架，可在前后面进行自由重叠加工。

作为展会规格，采用了主轴同步控制（主、副）作为选件，实现了棒材前后面加工的相位对准，以及旋转过程中异形材料的输送。

这些功能都是以前的机床所没有的功能，通过使用这款机床，9min 的周期时间可以大幅缩短至 5min。

在此展示了外圆切削和前后面端铣加工的参数。

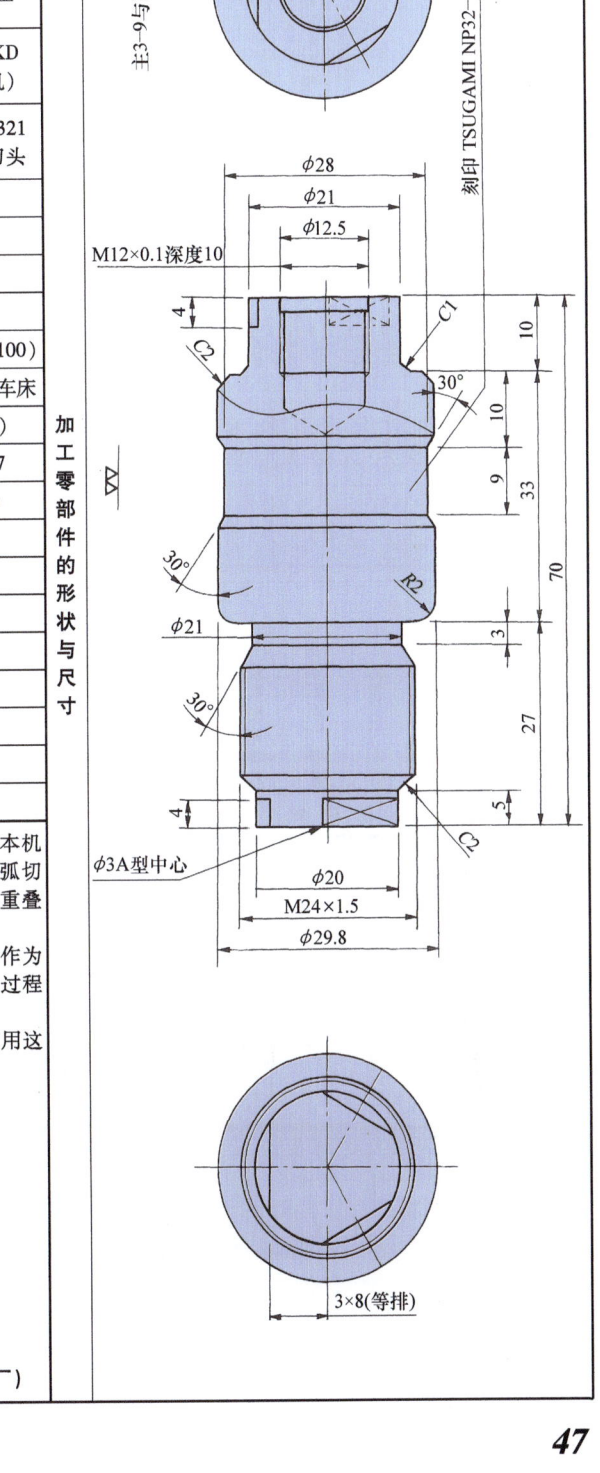

（资料：津上・信州工厂）

加工材料	工件名称		试件		
	工件材料		A2017		
	硬度		114HBW		
	加工前热处理状态		T4处理		
使用刀具	名称	粗加工车刀	精加工车刀	2把立铣刀（φ6mm）	
	型号（制造企业）	硬质合金（H13A）（山特维克）	金属陶瓷（CT515）（山特维克）	硬质合金 相当于K10 RG-EDS（肖布林·欧士机）	
	刀具夹持方法	M10螺纹 3处	M10螺纹 3处		
切削条件	切削速度（m/min）	300	360	38	
	转速（r/min）	2000	2400	2000	
	进给速度（mm/r）	0.3	0.15	0.08	
	切削深度/mm	2.0	0.25	4.0	
	切削液（名称）	水溶性			
使用机器	名称	数控车削中心			
	型号（制造企业）	EA65，带有第3转塔（津上）			
	机器输出功率/kW	26/22			
	数控装置（轴数）	FANUC 0-TTC（6）			

要求精度		
圆度		0.003mm
直线度		
圆柱度		0.005mm
平行度		0.01mm
平面度		
垂直度		0.03mm
径向圆跳动		0.003mm
已加工表面粗糙度		

这是国际机床展上，使用车削中心对前、后面进行组合加工的示例。

其关键点在于前、后面相位对准，主轴和副主轴的同步旋转（包括主轴转速的升降），Z轴和Y轴表面的圆弧铣削加工。

由此极大地扩展了加工范围，可以加工形状极其复杂的零件。即使在主轴和副主轴旋转加速或减速时，实现主轴同步旋转，也可以实现不规则形状材料的输送。

（资料：津上·信州工厂）

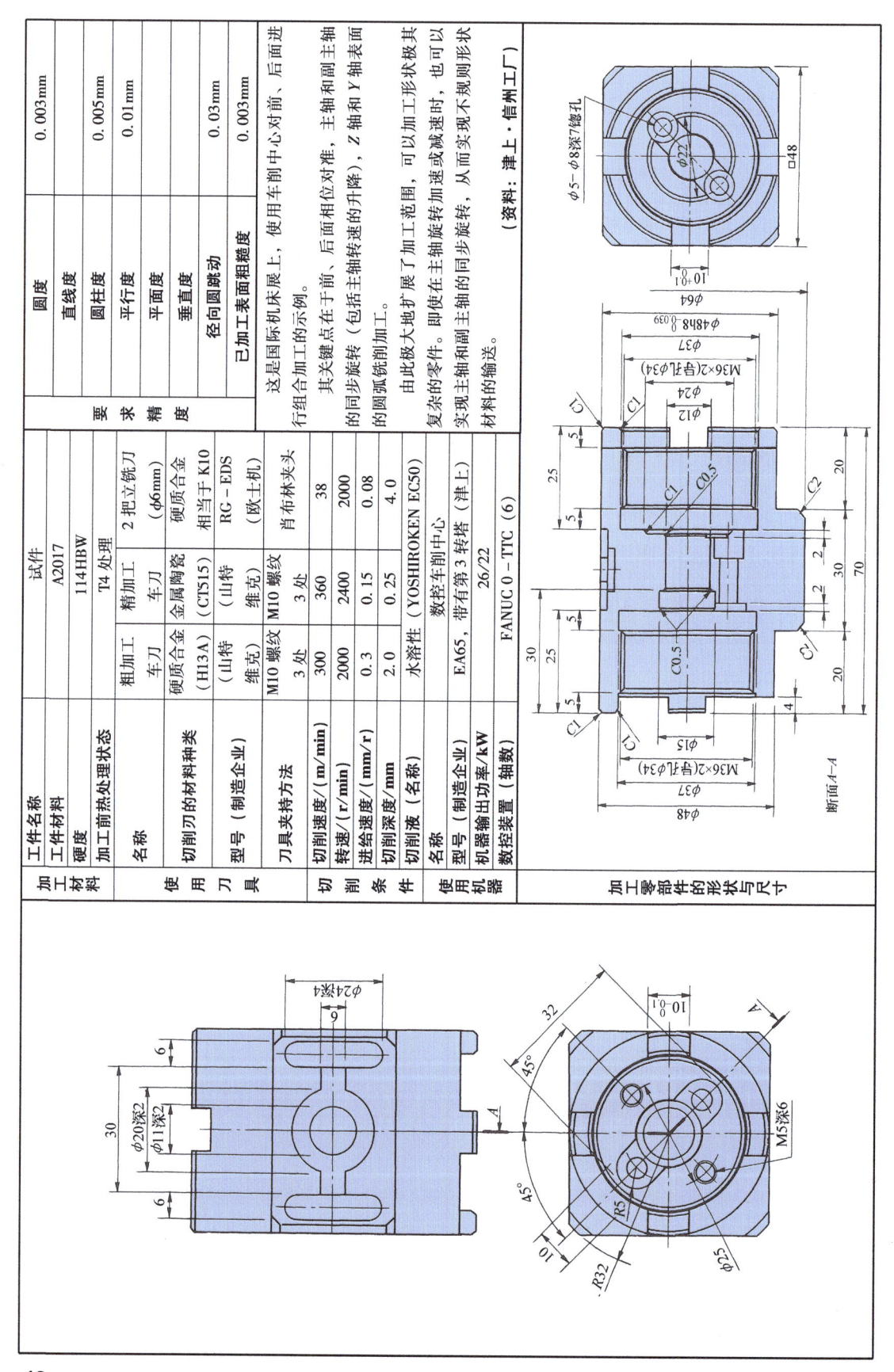

加工材料	工件名称	白兰地杯	使用机器	名称	车削中心
	工件材料	SUS304（法国优进精密工业公司）		型号（制造企业）	NR23（日立精机）
	硬度	300HBW		机器输出功率/kW	12
	加工前热处理状态	淬火回火		数控装置（轴数）	YASNAC（4）

复合加工

加工零部件的形状以及加工工序

⑦内孔锥体切削
C5-SVHBR-35060-16

③外圆切削
C5-PCLNR-35060-16

④外圆锥体切削
C5-PCJNR-35060-15

⑥端铣加工
C4-391.15-16055

⑧外圆精切削
C5-LF151.22-35060-40

CNMG 160612-QM GC215

CNMG 150608-MF GC215
v=200
s=0.3
a=2.0

R215.34-12030-AA16N
v=300
s=0.15
a=~5.0

N151.2-500-40-4U CT525
v=250
s=0.1
a=0.5

⑤槽切削
C5-LF151.22-35060-40

VBMT 160404-UM CT525
v=300
s=0.1
a=0.5

N151.2-400-4E GC235
v=120
s=0.2
a=4.0

①钻孔加工
C4-391.25-16060

416.1-0250-15-03，WCMX 040208R-53 GC235
v=100
s=0.1

②内孔锥体切削
C5-SDUCR-13080-11

(粗)DCMT 11T312-UR GC215
v=200
s=0.3
a=2.0

(精)DCMT 11T304-UM CT525
v=200
s=0.1
a=2.0

使用模块化工具（CoromantCapto）加工白兰地杯。分8个工序进行车削加工、铣削加工和钻孔加工。图中的○表示工序的顺序。每道工序中，上行符号表示使用的夹具，下行符号表示使用的切削刀具。此外，v为切削速度（m/min），s为进给速度（mm/r），a为切削深度（mm），切削液采用水溶性乳液型。

（资料：山特维克）

加工材料	工件名称	试件
	工件材料	FC-T8（相当于A6061）
	材料尺寸	φ39mm×2.5m（棒材）
使用机器	名称	对置型双主轴数控车床
	型号（制造企业）	TW-20MM（中村留精密工业）
	机器输出功率/kW	左 5.5/7.5 右 3.7/5.5
	数控装置（轴数）	FANUC 07-C（6）
要求精度	圆度	0.01mm
	平行度	0.05mm（工程⑥的双面宽）
	已加工表面粗糙度	12.5 ▽▽▽

加工零部件的形状以及尺寸：M34、4×M5、PT1/8、φ12深1.0、2×M8、φ38.4、29、36

左侧加工工序 ① 杆式制动器加工 ② 外圆精加工	刀具（制造企业）	烧结金刚石DA150（住友电气工业）
	刀具夹持方法	夹持
	切削速度/(m/min)	360
	转速/(r/min)	3000
	进给速度/(mm/r)	0.1~0.15

φ18h8 $_{-0.027}^{0}$，φ38.4±0.1

左侧加工工序 ③ 内孔精加工	刀具（制造企业）	TPGB110304 烧结金刚石（住友电气工业）
	刀具夹持方法	螺钉固定
	切削速度/(m/min)	180
	转速/(r/min)	3000
	进给速度/(mm/r)	0.1~0.2

φ14H7 $_{0}^{+0.018}$

左侧加工工序 ④ 内孔槽加工 ⑤ C轴连接	刀具（制造企业）	硬质合金成形车刀
	刀具夹持方法	
	切削速度/(m/min)	180
	转速/(r/min)	3000
	进给速度/(mm/r)	0.06

成形车刀 4.5；4.5 $_{0}^{+0.25}$，φ17 $_{0}^{+0.1}$

左侧加工工序 ⑥ 双面宽加工	刀具（制造企业）	4刃小型硬质合金立铣刀，φ10
	刀具夹持方法	夹头 AR20-10（阿尔卑斯工具）
	切削速度/(m/min)	79
	转速/(r/min)	2500
	进给速度/(mm/min)	600

36±0.1

左侧加工工序 ⑦ M8 钻孔、倒角 ⑩ M5 钻孔、倒角	刀具（制造企业）	高速钢成形钻头（M8）	高速钢成形钻头（M5）
	刀具夹持方法		
	切削速度/(m/min)	75	57
	转速/(r/min)	3600	3600
	进给速度/(mm/min)	720	720

M5,M8导孔径

左侧加工工序 ⑧ 锪孔	刀具（制造企业）	硬质合金立铣刀，φ12 $^{+0.03}$（欧士机）
	刀具夹持方法	夹头 AR20-12（阿尔卑斯工具）
	切削速度/(m/min)	94
	转速/(r/min)	2500
	进给速度/(mm/min)	250

33.5±0.15，φ12H9 $_{0}^{+0.043}$

这是使用对置双主轴数控车床进行复合加工的示例。整个加工过程是由铝棒材料经过车削和铣削加工（端铣、钻孔、攻螺纹）完成的。

最重要的一点是，在保证精度的前提下，缩短了周期时间，通过将工序分配到两侧（L、R），实现了加工时间的均衡。

L侧加工完成后（切断前），将L轴、R轴及旋转轴（C轴）连接并对准，然后在L、R均夹紧工件后旋转主轴，进行切断加工。其结果是，该加工过程的周期时间为2min26s。

加工所需的主轴同步系统是本公司开发的插件。

工序	项目	内容
左侧加工工序 ⑨ M8 攻螺纹	刀具（制造企业）	AL–HTM8 SKH 材料丝锥（欧士机）
	刀具夹持方法	
	切削速度/(m/min)	10
	转速/(r/min)	400
	进给速度/(mm/min)	400
左侧加工工序 ⑪ M5 攻螺纹	刀具（制造企业）	AL–HTM5 SKH 材料丝锥（欧士机）
	刀具夹持方法	
	切削速度/(m/min)	6
	转速/(r/min)	410
	进给速度/(mm/min)	328
左侧加工工序 ⑫ 切断	刀具（制造企业）	TC54 切断车刀（京瓷）
	刀具夹持方法	自夹式
	切削速度/(m/min)	230
	转速/(r/min)	2000
	进给速度/(mm/r)	0.15
右侧加工工序 ① 工件交接 ② 外圆精加工	刀具（制造企业）	烧结金刚石 DA150（住友电气工业）
	刀具夹持方法	夹持
	切削速度/(m/min)	360
	转速/(r/min)	3000
	进给速度/(mm/r)	0.08 ~ 0.15
右侧加工工序 ③ 内孔精加工	刀具（制造企业）	TPGB110304 烧结金刚石（住友电气工业）
	刀具夹持方法	螺钉固定
	切削速度/(m/min)	125
	转速/(r/min)	2500
	进给速度/(mm/r)	0.08
右侧加工工序 ④ 外圆螺纹切削 ⑤ 除飞边 ⑥ 外径螺纹精加工 ⑦ C 轴连接	刀具（制造企业）	金刚石焊接车刀
	刀具夹持方法	
	切削速度/(m/min)	213
	转速/(r/min)	2000
	进给速度/(mm/r)	1.0
右侧加工工序 ⑧ PT1/8 钻孔	刀具（制造企业）	高速钢成形钻头
	刀具夹持方法	夹头
	切削速度/(m/min)	52
	转速/(r/min)	2000
	进给速度/(mm/min)	300
右侧加工工序 ⑨ PT1/8 攻螺纹 ⑩ 下料	刀具（制造企业）	SKT–S–TPT1/8 SKH 材料丝锥（欧士机）
	刀具夹持方法	丝锥夹头
	切削速度/(m/min)	12
	转速/(r/min)	400
	进给速度/(mm/min)	36.3

另外，使用的切削液是非水溶性 AW–10（日本石油）。

（资料：中村留精密工业）

铣削加工参数篇

● 铣床·加工中心·龙门铣床·镗削·其他

铣削加工的加工参数的

近期铣削加工的特点

近年来，机床从此前加工机械零部件的独立机器，转变成了综合生产系统中的金属加工机器，其地位发生了变化。

如今，就加工机械零部件方面而言，基本上没有变化，但是其加工前后与系统的兼容性却变得越来越重要。例如，需要对加工速度、工件加工、运行时间（运转效率）或故障排除等方面都需要进行系统性应对。

为了提高加工效率，人们开始积极改进机床。20 世纪 50 年代，仿形机床开始普及，从 20 世纪 70 年代后半期开始，数控车床、数控铣床和数控磨床等成为代表性机床。

在生产现场，广泛应用数控机床来应对日益凸显的人手不足、产品精度提高及小批量生产中的各种问题。

相应地，如图 1 所示，切削速度也会大幅提高[1]。为了清楚地显示切削速度的变化率，在一旁对照绘制了客机的巡航速度。对比后不难看出，切削速度的变化率是非常高的。

另一方面，即使引进了数控机床，但如果生产活动本身没有系统化，也很难准确评价引入数控机床的效果。很难说，在综合性生产中，通过引进数控机床缩短了生产时间，并由此降低了生产成本。对于中小型企业而言，这种倾向尤为明显。

发展趋势与选用

千叶县机械金属试验室 榎本真三

此外，社会上要求降低生产成本，对加工工厂的要求也越来越严格。为了满足这一需求，人们对加工过程的自动化进行了研发。典型的例子是 FMC（柔性制造单元）和 FMS（柔性制造系统）。

机床的功能和加工方式随着制造系统的变化发生了变化，铣床也不例外。以前的铣床大致分为专用铣床、普通铣床、万能铣床和特殊铣床。

此外，根据各铣床的功能，铣削加工的种类主要有纵切、花键切削、槽加工（还包括端铣加工）、平面加工和螺纹切削等。

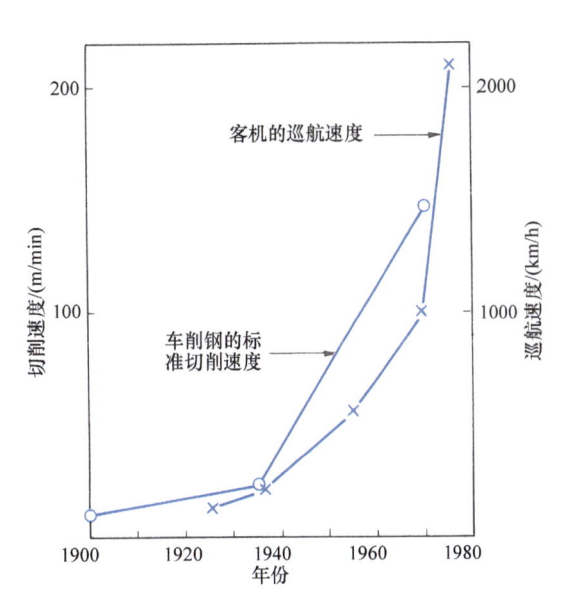

图1 切削速度的变化

但是，随着加工系统的变化，机床的功能也随之增加，出现了如照片1所示的复合机床，它具有多台传统机床的功能。典型的例子是车削中心，除了原有的车削功能，还具有钻孔功能和铣削功能。

照片1 装配有车削刀具和旋转刀具的复合机床的例子（日立精机·HiCell）

照片2　加工中心用高速旋转主轴的例子（OKK·涡轮主轴）

从这一角度来看，加工中心可以看作是铣床的一个变体。它除了传统铣床的功能，还具备高效的钻孔和镗削（镗孔）的功能。

传统的立式铣床与加工中心的最大区别是铣床只能安装一把刀具，而加工中心通过配备刀库，可以容纳几百把刀具。此外，还可以用多把刀具同时进行加工。

加工中心可加工的类型也变得更多，可以配备钻孔用的钻头、平面铣刀、镗削用的镗刀、精加工孔用的铰刀、成形用的立铣刀以及加工螺纹的丝锥等。

并且，还开发了通过识别刀具高效更换刀具的系统[2]。此外，还可以使用如照片2所示的加工中心用高速旋转主轴进行小孔的钻孔加工和内孔的磨削加工。

加工中心所用卡盘和刀具的性能提升尤为显著。此外，操作和控制加工中心的软件的开发也有了巨大的进步。

如何解读切削参数

在本节中，将重点介绍笔者在解读切削参数方面的经验。

市面上的切削参数大致分为以下几类：

① 由刀具制造企业提供的参数（包括钢铁制造企业等材料制造企业提供的参数）。

② 现场公布的参数[3]（指的是由用户如汽车制造企业等提供的参数）。

③ 由研究人员、技术人员发表的实验参数（来自学会或协会等的参数）。

其中，在生产现场最常用的参数大概是①和②。因此，在本节中将针对这2类参数，就其解读方式和选用上的要点进行解释说明。

（1）刀具制造企业切削参数的解读

在生产现场中，最需要的切削参数是针对不同材料设定切削条件的情况，即确定切削速度、合适的刀具材料、刀具刀尖形状等。

多数情况下，生产现场中的加工条件是由生产技术管理人员或操作人员参照刀具制造企业的产品目录来确定的。

下面通过最常见的示例来说明其切削参数的步骤。

现在假设要切削加工一种碳素结构钢（S45C）。根据零件的形状，假设通过一次切削完成，其加工余量（切削深度）约为1mm。

为此，加工条件参考刀具制造企业的产品目录而定。操作人员从产品目录选择刀具材料为硬质合金（P20），切削速度为100～220mm/min，切削方式为干式切削。

一般情况下，刀具制造商产品目录中提供的切削速度参数都是用一定的范围来表示的，例如100～220mm/min。但是，实际加工现场却必须设置一个固定的值。正不知如何下手的操作人员，想起曾听制造企业说过"切削速度越高，刀具寿命越短"，于是将切削速度设定为100mm/min，即提供的速度范围的最小值。

即使不考虑被加工产品的表面质量和刀具寿命，这也不是正确的选择方法。

这是什么意思呢？下面详细介绍：

① 在选择刀具材料时，仅参考了刀具制造企业产品目录中记载的大概标准。即未考虑刀具相对于工件和加工方法的热力学性能。

② 对切削速度与刀具磨损的关系理解有误，即仅凭"记忆"就选择了加工工艺范围中的最低速。

③ 未考虑刀尖形状。

等。

如果是一个很了解切削技术的技术人员选择刀具材料和切削速度，则会采取以下步骤：

① 考虑适合切削工件材料的刀具刀尖形状（角度）。

选择不同的刀具材料会影响刀具的磨损，但对于该工件是否可加工，刀具的刀尖形状更为关键。因此，首先应该考虑刀尖形状。

② 根据工件的宽度和切削深度计算切削量。然后，推测在该加工中，对刀具磨损起主导作用的是热量还是机器。

如果推测是热量起主导作用，则应选择 P 类材料，而如果是机床起主导作用，那么即便是切削钢也应选择 K 类材料。当然，在这种情况下，会对切削速度有影响，因此要在产品目录所列的高速范围内进行选择。

③ 切削速度设定在产品目录所列的高速范围内。

这是因为在铣削加工中，切削速度过低可能会导致刀具破损。在断续切削加工中，一旦刀具破损，不仅会使加工表面质量明显降低，有时还会损坏刀体。

另一方面，由于高速切削时刀具损坏的主要原因是切削热引起的熔化，因此很少对被切削材料造成严重的损坏。

因此，在任何切削加工中，都应该先按照产品目录所列的上限值进行试切，然后根据实际情况选择合适的速度。

对于这些相对简单的加工条件的选用实例，只要仔细阅读刀具制造企业的产品目录（解读实质内容，而不是文字），就能确定可高效、稳定进行加工的切削条件。

有一个故事：有位用户愤怒地给我打电话说："我参照刀具制造企业的产品目录设置了切削速度，刀具却损坏了。在加工中事先为了防止这种情况发生，还添加了切削液，但刀具反而损坏得更厉害了。刀具制造企业的产品目录太不靠谱了！"

此处就不赘述笔者当时的回答了，但毋庸置疑的是，此答案就在制造企业的产品目录里。

如果技术人员充分了解金属材料和刀具材料的基本知识和技能，并认真阅读刀具制造企业产品目录中的切削参数，就能选出高水平的切削加工条件。

尤其重要的是刀具刀尖的形状，要开发出适合本企业的加工条件，向刀具制造企业定制该形状并将其作为企业内部的标准规格。

（2）现场切削参数的解读

现在公布的实际切削参数来自不同的数据库，但日本国家级的切削加工数据库是归日本机械振兴协会技术研究所所有的。

该数据库中保存的切削参数是在实际加工现场使用的参数，是在所谓产学研合作体制下得到的。在使用这些现场切削参数时，需要注意以下几点：

① 确认收集参数的机床的类型（专用机床、普通机床或自动机床等）以及该机床的运行系统（是否在线）。

② 确认收集参数的机床的刚度（实际上刚度很难得知，因此需通过生产日期和型号来确定）。

③ 确认工件和刀具系统的刚度（实际上是根据刀具尺寸和工件尺寸来推测的）。

④ 确认参数收集的日期（可以推测参数的有效性）。

这些核查结束之后，需要将收集到的现场参数改成本企业用的参数。这个操作类似于音乐行业的编曲。也就是说，现场参数由编曲人员重新编排，作为该企业的标准加工条件使用。

完成这项工作需要丰富的经验和专业知识（技术）。并且，为了改编实际切削参数，还需要掌握企业内的变量（如机床的能力、加工效率、运转率，技术以及技能的水平，设备的种类、能力以及工作量等）。

如果企业里没有适合这项工作的人员，就需要培养专门的技术人员。还可以从外面引进指导人员，但这只是一种权宜之计。

为了在企业内培养改编实际切削参数的技术人员，需要在加工现场对改编后的参数进行评价与反馈。这是因为未经过生产实际验证的参数，很难促进生产技术的提高。

同时，此时的评价标准必须公平且符合公司内的标准。

在这种情况下，重要的是一定要对已试过一次的参数进行评价并积累起来，作为下一次参数设置时的参考。关键是下一次要把它们作为有效的参数来使用。这种方法看似古老，却可以切实地提高技术人员的能力。

如上所述，为了切削参数能更多应用，在参数文件中包含了大量的实际生产条件。但是毋庸置疑，技术人员的能力对选用的切削参数是否合适有很大的影响。

此外，为了保证用户能有效地利用该国家级别的参数，建议数据库机构也要培养相关技术人员。

不同加工方法的刀具使用方法

在本节中，我们将主要围绕加工中心，探讨其铣削加工的方法及刀具的使用方法。

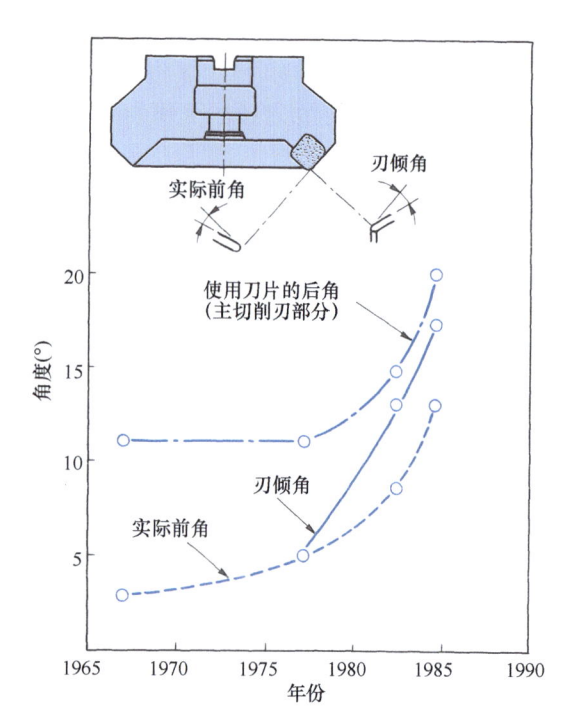

图2 面铣刀的刀尖角度变化

一般对加工中心来说，典型的加工方法包括如下几种：

- 通过面铣刀进行平面加工
- 通过立铣刀进行成形加工
- 通过钻头进行钻孔加工
- 通过镗刀进行内孔加工（镗削）
- 通过丝锥进行内螺纹切削加工

照片3 安装了切屑回收装置的面铣刀（三菱综合材料）

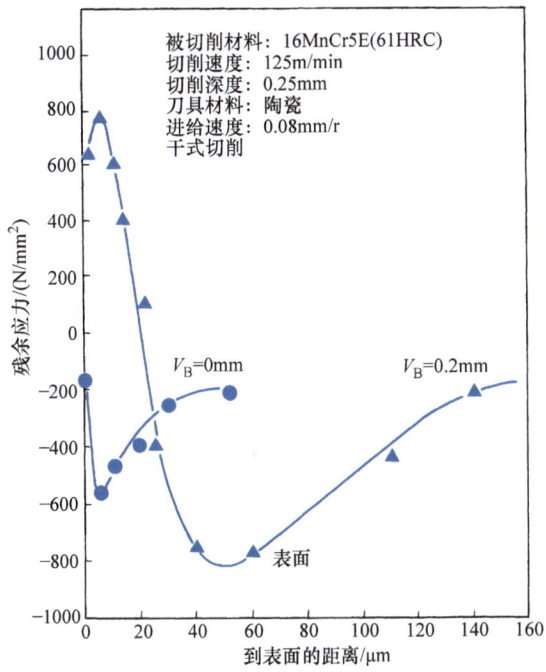

图 3　CBN 刀具加工后的工件表面残余应力

但是，在这些加工方法中，刀具的选用根据不同情况而异。因此，在本节中，我们将探讨加工中心中最常见的平面加工、成形加工以及钻孔加工的情况。

（1）通过面铣刀进行的平面加工

这是加工中心最常见的加工方法，正因为如此，其问题也很多。其中之一就是刀尖角度的问题。在使用平面铣刀进行加工时，由于铣床的形状特点，采用断续切削加工。

在断续切削中，当刀具切入被切削材料时，刀具的刀尖上会受到较大的冲击力。因此，在实际加工现场仍能听到"刀尖容易缺损，为了防止损坏，把刀尖磨钝后使用"的说法。

这是为了以"钝化的"刀尖形状进行切削，因为当刀具切入被切削材料时，刀尖上会受到较大的冲击力，以致切削刃受损。在铣削加工中，从被切削材料中拔出刀具时，也会出现刀具切削刃缺损。

不管怎么说，面铣刀的前角正变得越来越大。图 2 所示为面铣刀的刀尖角度变化[4]。可知，1970 年前后的实际前角约为4°，1985 年增加到了13°左右。众所周知，

在切削理论中，增大前角将加大切屑产生时的剪切角，减小切削阻力[5]。

另一方面，我们都知道前角与切屑厚度的关系是，切屑会随着前角的增大而变薄[6]。一旦切屑变薄，流入工件的切削热的比例就会变小[7]，工件的变形也会减少。

此外，减小切削阻力还具有以下优点：
- 即使机床或加工系统的刚度较低，也能实现相对稳定的切削。
- 减小机器的负荷，减少工件和刀具的振动，提高加工精度。

在使用面铣刀进行的平面加工中，为了实现稳定的切削，最重要的是尽量使用具有大前角的刀具，并在高速下进行加工。

此外，在平面铣削加工的干式切削中，有时高温的切屑会沉积在工件上，导致工件受热变形。在这种情况下，高速切削反而会降低产品的精度。因此，一定要用真空吸引装置将切屑吸出，或利用如照片 3 所示的带有切屑回收装置的面铣刀及时清理切屑。

最近，有时会用加工中心对模具等淬火后的高硬度材料进行加工。这是因为切削成本比磨削成本低，但更主要的原因是开发出了适合断续切削的铣削加工用 CBN 刀具。

人们常说，用 CBN 刀具加工后的模具比磨削加工后的模具寿命更长。虽然其原因尚不清楚，但据报道，如图 3 所示，用 CBN 刀具加工后的工件表面残余应力（压缩方向）比用其他刀具加工后的更大[8]。

由此看来，加工后表面性能会影响模具的寿命。

（2）通过立铣刀进行的成形加工

在加工中心的成形加工中，一般会使用立铣刀。立铣刀材料主要有高硬和硬质合金，但从加工性能上看，使用硬质合金立铣刀更有优势。

最近，在淬火材料（60HRC 左右）的加工中大多使用 CBN 立铣刀刀具，但具有独特刀尖形状的硬质合金立铣刀（如日立刀具的"Hard Star"）也值得关注。

作为加工方法，在机械刚度较高的粗加工中，Z 轴方向移动的加工比 $X-Y$ 平面的加工效率高得多。在这种情况下，为了实现稳定的切削，重要的是要保证切削阻力均衡地作用于加工中的立铣刀上。

即使使用 $\phi 3mm$ 以下的小直径立铣刀进行加工，也开始使用硬质合金材质的立铣刀了。这是因为已经研发出了可承受 30000~40000r/min 高速旋转的主轴，而另一个主要原因是模具（具体而言是弹簧夹头）的旋转精度提高了。

众所周知，比起高速钢，小直径立铣刀材料选用，刚度大的硬质合金更有优势。但由于卡盘的旋转精度不高，在切削开始时，使用硬质合金立铣刀与工件接触，刀具瞬间断裂，因此其并没有被广泛地用于实际生产。

近来随着卡盘旋转精度的提高，让小直径硬质合金立铣刀的加工变成了现实。预计今后其应用范围将进一步扩大。

立铣刀也可应用于高速切削中。此外，确定高速切削的条件时，选择能够承受高速切削的刀具材料是很重要的。

在立铣刀加工中，为了防止刀具断裂，提高加工精度，应尽量减少刀具的悬伸量。此外，还应尽可能地使切屑顺利排出。

另一方面，可参考各刀具制造企业提供的丰富的切削参数，来选择适合各种工件材料和切削条件的刀具材料。

（3）通过钻头进行的钻孔加工

在加工中心进行的各种加工中，用钻头钻孔是最常见的加工方法之一。

近来，出现了各种用于加工中心的强力钻头。由于这些强力钻头的刃瓣较厚，在横刃部分会产生死点，该横刃部分不能切削作用。因此必须将这个部位修磨，才能起到切削刃的作用（见照片4）。

过去，这种修磨是靠手工完成的，为此对操作者的直觉和熟练度要求高。因此成形精度不是很高，很难获得满足要求的加工精度。

照片4　十字修磨后的钻头

照片5　自动钻头磨床的实例（藤田制作所）

最近开发了一种可以自动进行此种修磨的磨床。其中一个实例如照片5所示。使用这种磨床，可以将钻头的后刀面磨削成平面。此外，通过提高刀具的形状精度，也可提高该钻头加工的产品的形状精度（圆度、圆柱度、扩大量等）。

钻孔加工中，刀具断裂主要是由于排屑不畅造成的。因此，有必要在切屑处理上下功夫。图4所示为钻孔加工中改善切屑处理的实例[9]。该方法通过在钻头的切削刃部位上加一个缺口，使切屑的宽度变窄，增加切屑的表观厚度。如此，切屑就不易卷曲，排出效果就会变好。

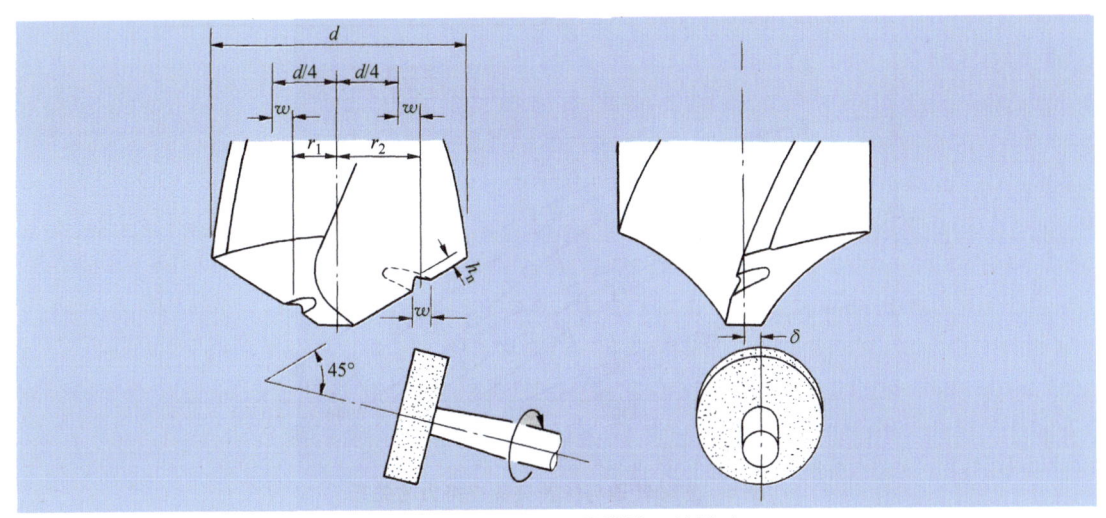

图4 改善切屑处理的带缺口的钻头

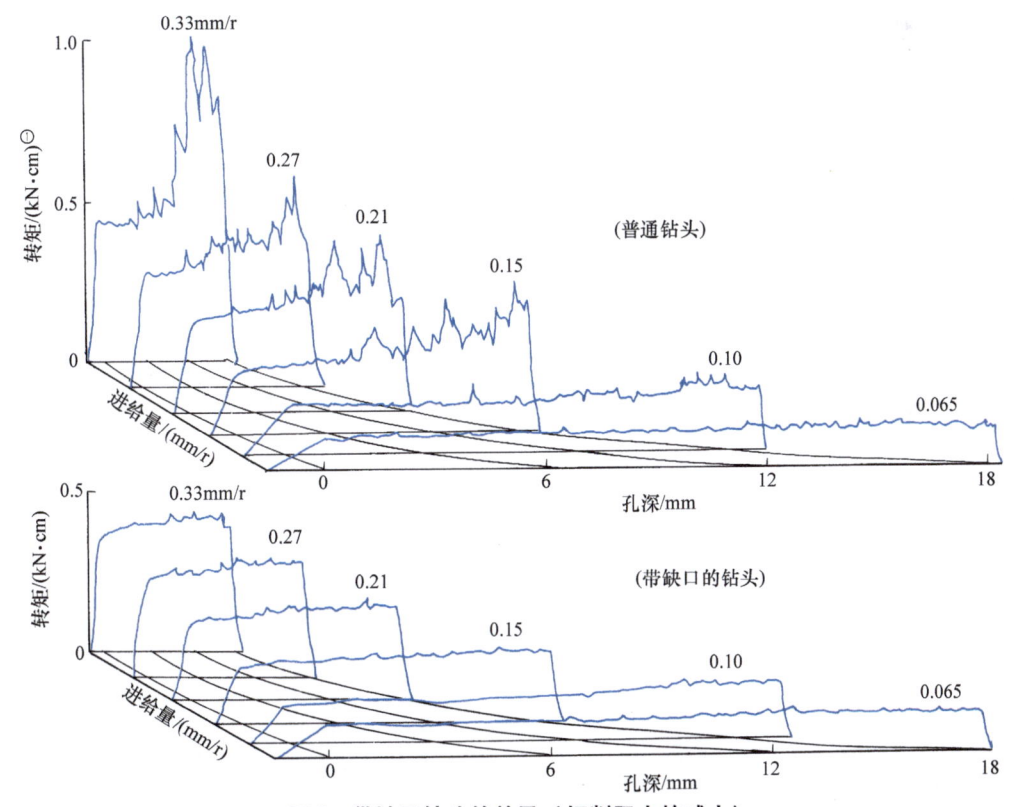

图5 带缺口钻头的效果（切削阻力的减小）

带缺口钻头的效果如图5所示。从图中可以得知，使用带缺口的钻头进行加工时，切削阻力比使用普通钻头小。此外，该研究还指出，使用带缺口的钻头进行加工时，工件的表面质量也得到了改善。

像这样，在钻削加工中，最重要的是其刀尖形状精度，但也不能使悬伸量超过必要的长度。

刀具制造企业推荐的钻削加工进给速度似乎低于在实际生产中使用的条件。特别是在小直径钻削加工中，这种倾向更为明显，因此在实际使用时，请尝试用比刀具制造企业推荐值稍高的参数数值进行加工。

⊖ 1kN·cm = 10N·m。

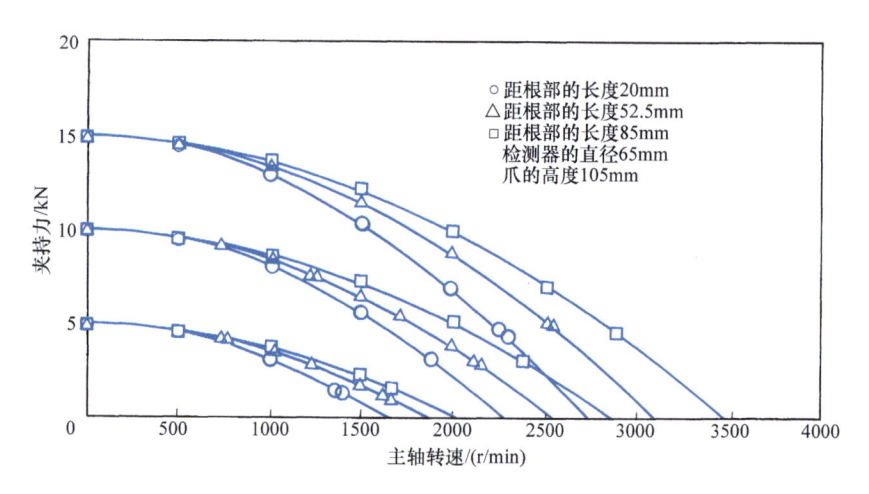

图6　主轴转速与弹簧夹头夹持力的关系

被切削材料有什么变化

随着工业产品向多样化、高精度方向发展，促进了新技术和工业材料的发展。例如，在汽车行业中，为了提高行驶速度，采用了更强韧、轻便的材料。

例如，发动机采用铝合金，连杆采用钛合金。此外，挺杆和涡轮增压器的叶片采用陶瓷，车身采用增强塑料。特殊部件中甚至还用了非晶合金，烧结金属的使用也变得很普遍。

此外，以家电产品为代表的电器中使用了多种金属组合的复合金属，使切削和磨削加工变得更加复杂。

到目前为止，钢铁材料一直是主流的工业材料，但当各种新材料在短时间内被开发出来后，这些材料的加工技术和兼容刀具的开发就难以跟上材料发展的速度了。

然而，技术人员的职责是将新材料按照要求的规格进行加工，并将其送往世界各地。因此，生产技术人员必须充分了解目前市场上刀具的力学、化学和热性能，并设法进行加工。

为此，重要的是要读懂刀具制造企业发行的各种产品目录和技术资料中记载的加工条件的物理和化学含义，而不是只参考数值。

无论如何，随着新材料的飞速发展，创新发展这些加工技术的正是在读书的各位。

应对加工的高速化

为了降低加工成本，提高产品精度，需要进行高速切削。为满足这一需求应研发以下设备：

① 带有高速主轴的高刚度机床。
② 适合高速旋转的卡盘。
③ 耐高温、耐冲击的刀具。

目前，已经出现了配备主轴转速为40000r/min的加工中心。序号②的刀具问题是高速旋转时，卡盘跳动导致的不平衡和弹簧夹头的松动。

图6[10)]所示为主轴转速与弹簧夹头夹持力的关系。从该图中可知，在主轴转速为3000r/min时，卡盘的夹持力降低到主轴停止时的1/3左右。因此，需要开发一种弹簧夹头，即使高速旋转也不会降低夹持力的部件。

此外，卡盘在旋转过程中产生的跳动，不仅会降低加工精度，而且会使刀具损坏。此外，卡盘的松动不仅会导致无法进行稳定的连续加工，甚至可能会使刀具飞出，给操作者带来危险。

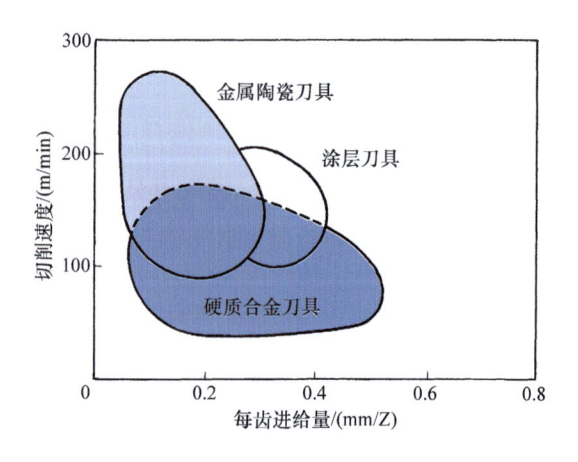

图7　钢铣削加工中的切削速度与刀具材料的关系

各刀具制造企业已经开发出了序号③的刀具。图 7 所示为钢铣削加工中的切削速度与刀具材料的关系[11]。从图中可知金属陶瓷刀具是最适合高速切削的刀具。即便如此，其切削速度最高也只能达到 280m/min 左右。

在不久的将来，为了缩短生产时间，预计会出现以 1000m/min 的切削速度加工钢材的需求。考虑到热性能和化学性能，目前能满足这种需求的刀具材料是陶瓷刀具。因此，我们希望各刀具制造企业开发出比现在更适合高速切削的刀具。

为实现高速切削，需要开发：
- 智能刀具和模具
- 切削状态的感知和监测系统
- 切屑处理系统
- 最佳切削液供应系统等

无论如何，切削速度的加快，不仅是为了扩大产量，降低加工成本，而是期待缩短整体加工时间，为企业创造"业余时间"。

[参考文献]

1) 中山一雄. 切削加工论 [M]. 东京：CORONA 出版社，1978：3.
2) 《加工技术参数文件补充 00－78》，机械振兴协会技术研究所.
3) 机械振兴协会技术研究所发行的《加工技术参数文件》.
4) 狩野胜吉. 难切削材料的加工技术 [M]. 东京：工业调查会，1972：62.
5) 中山一雄. 切削加工论 [M]. 东京：CORONA 出版社，1978：110.
6) 新井实. 有关切屑处理的研究 [D]. 横滨：横滨国立大学，1989：83.
7) 中山一雄. 关于切削热导致工件温度上升的研究 [J]. 精密机械 1955，21（13）：272.
8) KNIG W, LLINGER M K, LINK R. Machining hard materials with geometrically defined cutting edges [J]. Annals of the CIRP Vol, 1990, 39 (1): 61-64.
9) 小川诚，中山一雄. 缺口带来钻头性能的提升 [J]. 精密机械：精机学会志，1984，50 (10)：1659-1664.
10) 堤正臣，上野滋，朴泰圆. 有关三爪动力卡盘在高速旋转下松动的研究 [C]. 精密工学会春季大会演讲论文集. 1991：69-70.
11) 三菱综合材料公司. 产品目录 [Z].

铣削刀具的寿命判断

毋庸置疑，刀具的损坏对加工产品的质量有直接影响。在当前加工自动化、强调生产率的情况下，如何合理判断和控制刀具寿命成为一个重要问题。

加工中心加工的刀具包括立铣刀、面铣刀、钻头、丝锥和铰刀等，但无论是什么刀具，通常用于确定刀具寿命的指标中大多包括"表面粗糙度""常数（加工个数、时间等）""磨损"。此外还有其他指标如"切削噪声""毛刺""颤动""缺损""振动""尺寸"等。

将刀具断裂或损坏作为检测项目自动判断刀具寿命的案例还很少，这可能是因为能够检测到刀具断裂等瞬时现象的高可靠性传感器还没有普及。

当使用立铣刀进行模具等高精度加工时，通过毛刺的发生和尺寸精度进行判断的比例比其他刀具要高。此外，由于立铣刀的刚度较低，通过颤动进行判断的比例也很高。

由于钻头常在重新刃磨后使用，因此人们往往会更严格地判断其使用寿命，将重新刃磨的间隔缩短。就 TiN 涂层钻头而言，据说重新刃磨去除涂层后，寿命将缩短到新钻头的 60%～70%。即使这样，其寿命仍是未涂刀具的 4~7 倍。

对钻头而言，在批量加工中，除了要控制尺寸精度和表面粗糙度，断裂和磨损也是判断条件。

这种寿命判断方法还是非常依赖抽样或操作者的直觉和经验的，是通过视觉和听觉进行判断的。最近，还出现了一些在刀架上安装 IC 卡来记录切削时间（切削长度）的方法，现在传感器和计算机的使用越来越多，今后这种判断方法将更加普遍。

平面铣削加工

加工材料	工件名称	堆焊板（粗加工）
	工件材料	SUS304
	硬度	120HBW
	加工前热处理状态	退火
使用刀具	名称	面铣刀
	切削刃的材料	TiN 涂层（T260）
	型号（制造企业）	TPN6410RI（东芝泰珂洛）
	刀具夹持方法	
切削条件	切削速度/（m/min）	102
	转速/（r/min）	130
	进给速度/（mm/min）	200
	切削深度/mm	2
	切削液（名称）	干式切削
使用机床	名称	龙门铣床
	型号（制造企业）	HFS4.5/3.5（WaldrichSiegen）
	机床输出功率/kW	75
	数控装置（轴数）	

要求精度			
圆度		平面度	
直线度		垂直度	
圆柱度			
平行度		已加工表面粗糙度	25S

（资料：东芝·京滨事业所）

加工材料	工件名称	堆焊板（精加工）
	工件材料	SUS304
	硬度	120HBW
	加工前热处理状态	退火
使用刀具	名称	面铣刀
	切削刃的材料	硬质合金（相当于M10）
	型号（制造企业）	MS10R（东芝泰珂洛）
	刀具夹持方法	
切削条件	切削速度/（m/min）	102
	转速/（r/min）	130
	进给速度/（mm/min）	300
	切削深度/mm	0.02
	切削液（名称）	干式切削
使用机床	名称	龙门铣床
	型号（制造企业）	东芝机械
	机床输出功率/kW	90
	数控装置（轴数）	

要求精度			
圆度		平面度	0.01mm
直线度		垂直度	
圆柱度			
平行度		已加工表面粗糙度	3.2S

（资料：东芝·京滨事业所）

平面铣削加工

加工材料	工件名称	板材	
	工件材料	SS41	
	硬度	120HBW	
	加工前热处理状态	退火	
使用刀具	名称	面铣刀（半精加工）	面铣刀（精加工）
	切削刃的材料种类	硬质合金（相当于P30）	金属陶瓷
	型号（制造企业）	R260.7-250（山特维克）	MS10R（东芝泰珂洛）
切削条件	刀具夹持方法	用定位器进行螺纹固定、BT50刀架	
	切削速度/(m/min)	235	188
	旋转次数/(r/min)	300	240
	进给速度/(mm/min)	750	800
	切削深度/mm	2~3	0.01~0.02
	切削液（名称）	干式切削	
使用机床	名称	龙门铣床	
	型号（制造企业）	东芝机械	
	机床输出功率/kW	90	
	数控装置（轴数）		

加工零部件的形状与尺寸：6000 × 1000 × 200

要求精度	圆度		平面度	0.01mm
	直线度		垂直度	
	圆柱度			
	平行度		已加工表面粗糙度	3.2S

（资料：东芝·京滨事业所）

加工材料	工件名称	板材
	工件材料	SUH600（耐热合金钢）
	硬度	320HBW
	加工前热处理状态	
使用刀具	名称	面铣刀
	切削刃的材料种类	硬质合金（TU40＝相当于M40）
	型号（制造企业）	THF5410R（东芝泰珂洛）
	刀具夹持方法	
切削条件	切削速度/(m/min)	60
	旋转次数/(r/min)	76
	进给速度/(mm/min)	100
	切削深度/mm	4
	切削液（名称）	干式切削
使用机床	名称	立式铣床
	型号（制造企业）	33SMV（东芝机械）
	机床输出功率/kW	11
	数控装置（轴数）	

要求精度	圆度		平面度	
	直线度		垂直度	
	圆柱度			
	平行度		已加工表面粗糙度	25S

（资料：东芝·京滨事业所）

平面铣削加工

加工材料	工件名称	试件	
	工件材料	FC20	S45C
	硬度		
	加工前热处理状态		
使用刀具	名称	面铣刀	
	切削刃的材料	硬质合金（G10E = K 类）	铝涂层（AC330）
	型号（制造企业）	DPG4100R8406（住友电气工业）	
	刀具夹持方法	BT40 - FMA31.75 - 45	
切削条件	切削速度/(m/min)	110	110
	转速/(r/min)	350	350
	进给速度/(mm/min)	525	263
	切削深度/mm	7	6
	切削液（名称）	水溶性（尤希路 EC50）	
使用机床	名称	卧式高速精密加工中心	
	型号（制造企业）	FMA3（津上）	
	机床输出功率/kW	5.5/7.5	
	数控装置（轴数）	FANUC 0M - C（4）	

加工零部件的形状与尺寸：φ100，80

要求精度			
圆度		平面度	
直线度		垂直度	
圆柱度			
平行度		已加工表面粗糙度	

测试出使用 BT40 卧式加工中心（高速主轴最高转速 10000r/min）可以稳定地进行重切削。

与传统的齿轮传动主轴（高低速两级切换）相比，本次采用的宽范围恒流内置电动机通过提高主轴传动效率和电动机放大器的性能，实现了 135% 负荷以内的切削。

（资料：津上·长冈工厂）

加工材料	工件名称	板材
	工件材料	FCD60（球墨铸铁）
	硬度	250HBW
	加工前热处理状态	
使用刀具	名称	面铣刀
	切削刃的材料	涂层（T380）
	型号（制造企业）	TMD4106RI（东芝泰珂洛）
	刀具夹持方法	平面铣刀心轴
切削条件	切削速度/(m/min)	160
	转速/(r/min)	320
	进给速度/(mm/min)	500
	切削深度/mm	3
	切削液（名称）	干式切削
使用机床	名称	立式加工中心
	型号（制造企业）	
	机床输出功率/kW	11
	数控装置（轴数）	

加工零部件的形状与尺寸：104

要求精度			
圆度		平面度	
直线度		垂直度	
圆柱度			
平行度		已加工表面粗糙度	▽▽

这是一个使用面铣刀对球墨铸铁进行低振动加工的示例。

在使用传统的面铣刀会发生颤振的情况下，使用面铣刀（TMD4100I 系列）能抑制颤振的发生，因为它的切削阻力小。

此外，专门为铸铁的铣削加工而开发的涂层材料（T380）的寿命是传统材料的 2 倍。

并且，使用传统的硬质合金刀片切削 FCD60 的切削速度只能达到 100m/min 左右，而 T380 的特点在于其切削速度可达 160m/min，加工效率提高了 1.6 倍。

（资料：东芝泰珂洛）

平面铣削加工

加工材料	工件名称	板材
	工件材料	SUS304
	硬度	180HBW
	加工前热处理状态	
使用刀具	名称	面铣刀（圆弧形刀片）
	切削刃的材料	硬质合金 （TU40＝P40）
	型号（制造企业）	ERF6063R （东芝泰珂洛）
切削条件	刀具夹持方法	铣削卡盘
	切削速度/(m/min)	80
	转速/(r/min)	404
	进给速度/(mm/min)	483（3mm/Z）
	切削深度/mm	3
	切削液（名称）	水溶性（尤希路 EC-200）
使用机床	名称	立式加工中心
	型号（制造企业）	
	机床输出功率/kW	11
	数控装置（轴数）	FANUC 12M（3）

要求精度			
圆度		平面度	
直线度		直角度	
圆柱度			
平行度		已加工表面粗糙度	

这是使用专门为难切削材料设计的大前角圆弧形面铣刀（ERF6000系列）来加工不锈钢的例子。

过去难以实现的不锈钢湿式切削（水溶性）已成为可能，与干式切削相比，加工应变变小了。TU40是唯一可以用于不锈钢湿式切削的刀片材料。由此刀具寿命也提高了50%。

（资料：东芝·京滨事业所）

加工材料	工件名称	板材
	工件材料	SUS304
	硬度	180HBW
	加工前热处理状态	
使用刀具	名称	面铣刀（圆弧形刀片）
	切削刃的材料	硬质合金（UX30＝P30）
	型号（制造企业）	TRF6006RI（东芝泰珂洛）
	刀具夹持方法	面铣刀心轴
切削条件	切削速度/(m/min)	200
	转速/(r/min)	389
	进给速度/(mm/min)	955（0.3mm/Z）
	切削深度/mm	3
	切削液（名称）	干式切削
使用机床	名称	立式加工中心
	型号（制造企业）	
	机床输出功率/kW	11
	数控装置（轴数）	FANUC 12M（3）

要求精度			
圆度		平面度	
直线度		垂直度	
圆柱度			
平行度		已加工表面粗糙度	

这是一个不锈钢高速粗加工的示例。采用了专门为难切削材料设计的大前角圆弧形面铣刀（TRF6000I系列），其刀具寿命是传统刀具的2倍，且精加工表面质量也很优良。

（资料：东芝·京滨事业所）

平面铣削加工

加工材料	工件名称	机器零件
	工件材料	SCM440
	硬度	280HBW
	加工前热处理状态	淬火，回火
使用刀具	名称	面铣刀
	切削刃的材料	金属陶瓷（NS540）
	型号（制造企业）	TMD4405RI（东芝泰珂洛）
	刀具夹持方法	面铣刀心轴
切削条件	切削速度/(m/min)	150
	转速/(r/min)	382
	进给速度/(mm/min)	345
	切削深度/mm	2～3
	切削液（名称）	干式切削
使用机床	名称	立式加工中心
	型号（制造企业）	VMC-55（东芝机械）
	机床输出功率/kW	15
	数控装置（轴数）	三重7^3（3）

加工零部件的形状与尺寸

要求精度			
圆度		平面度	
直线度		垂直度	
圆柱度			
平行度		已加工表面粗糙度	

目的是为了通过加工中心用平面铣削，延长刀具寿命。

通过使用铣削专用的金属陶瓷材料（NS540），延长了刀具寿命，提高了精加工表面质量。

（资料：东芝泰珂洛）

加工材料	工件名称	引擎盖
	工件材料	ADC12（铝合金铸物）
	硬度	
	加工前热处理状态	
使用刀具	名称	面铣刀
	切削刃的材料	烧结金刚石（DA200）
	型号（制造企业）	烧结金刚石车刀 φ160（住友电气工业）
	刀具夹持方法	
切削条件	切削速度/(m/min)	2200
	转速/(r/min)	4500
	进给速度/(mm/min)	8700
	切削深度/mm	0.15
	切削液（名称）	水溶性
使用机床	名称	专用机
	型号（制造企业）	（森精机）
	机床输出功率/kW	
	数控装置（轴数）	

加工零部件的形状与尺寸

要求精度			
圆度		平面度	
直线度		垂直度	
圆柱度			
平行度		已加工表面粗糙度	6.3S

加工的目的是为了延长刀具寿命和稳定已加工表面粗糙度。

以前，使用硬质合金（K10）刀片加工时，在切削约2万件后就无法达到表面粗糙度6.3S的标准，但通过使用DA200（PCD），效率大大提高，可以加工20万件，并且获得了稳定的刀具寿命。

（资料：住友电气工业）

加工材料	工件名称	底座
	工件材料	沉淀硬化不锈钢 15-5
	硬度	28~30HRC
	加工前热处理状态	
使用刀具	名称	面铣刀
	切削刃的材料	CVD 涂层（F620）
	型号（制造企业）	SEEN42AFTNI（三菱综合材料）
	刀具夹持方法	BE445R0204
切削条件	切削速度/(m/min)	243
	转速/(r/min)	1550
	进给速度/(mm/min)	500
	切削深度/mm	0.8~1.6
	切削液（名称）	干式切削
使用机床		加工中心

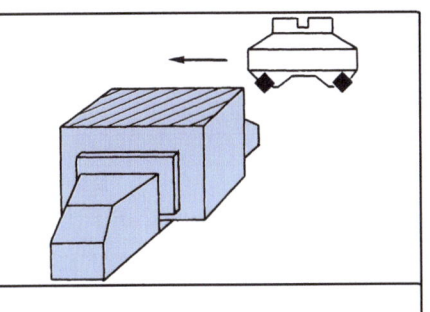

加工零部件的形状与尺寸

美国的切削实例。目的是延长刀具寿命，其刀具寿命比传统涂层刀具的寿命长1.5~2倍。

（资料：三菱综合材料）

加工材料	工件名称	机器零件
	工件材料	S45C
	硬度	200HBW
	加工前热处理状态	
使用刀具	名称	面铣刀
	切削刃的材料	CVD 涂层（GC-A=P25）
	型号（制造企业）	TPKR2204PDR-BA（山特维克）
	刀具夹持方法	RA282.2-125-30
切削条件	切削速度/(m/min)	100
	转速/(r/min)	250
	进给速度/(mm/min)	260
	切削深度/mm	2.5
	切削液（名称）	干式切削
使用机床		加工中心

加工零部件的形状与尺寸

这是一个对具有低夹紧刚度圆柱形加工部分的机器零件进行粗加工的示例。以前为降低切削阻力而使用方肩铣刀，但通过使用低切削阻力的三角形新波纹刀片（CVD涂层，GC-A），与此前的平面S6（P40）刀片相比，大幅延长了刀具寿命。

（资料：山特维克）

加工材料	工件名称	重层钢板
	工件材料	相当于 SCM440
	硬度	220HBW
	加工前热处理状态	
使用刀具	名称	面铣刀
	切削刃的材料	CVD 涂层（GC-A=P25）
	型号（制造企业）	LNCX1806AZR-11（山特维克）
	刀具夹持方法	弹簧夹
切削条件	切削速度/(m/min)	100
	转速/(r/min)	160
	进给速度/(mm/min)	360~860
	切削深度/mm	轴向 3~5，径向 120~160
	切削液（名称）	干式切削
使用机床		加工中心

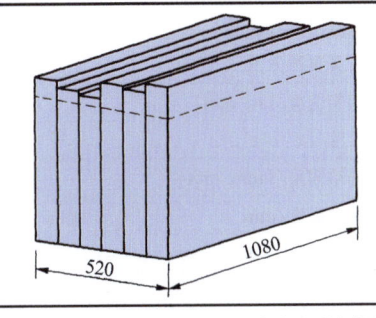

加工零部件的形状与尺寸

这是一个为确定宽度不匀钢板的宽度而进行粗加工的例子。以前，使用的是T-MAX刀具和可乐满高韧性硬质合金材质S6（P40），但通过采用新的铣削通用CVD涂层材质GC-A（P25），大幅延长了刀具寿命。

S6的刀具寿命为84min/刃，但GC-A的刀具寿命为144min/刃，是S6的1.7倍。

（资料：山特维克）

平面铣削加工

加工材料	工件名称	板材
	工件材料	相当于 S25C
	硬度	280HBW
	加工前热处理状态	
使用刀具	名称	面铣刀（刃数 20）
	切削刃的材料	金属陶瓷（CT520＝P15）
	型号（制造企业）	SPKN1203EDR（山特维克）
	刀具夹持方法	
切削条件	切削速度/(m/min)	270
	转速/(r/min)	270
	进给速度/(mm/min)	700
	切削深度/mm	0.7
	切削液（名称）	干式切削
使用机床	名称	加工中心
	型号（制造企业）	
	机器输出功率/kW	75
	数控装置（轴数）	

加工零部件的形状与尺寸：260 × 5000，φ315

要求精度	圆度		平面度	
	直线度		垂直度	
	圆柱度			
	平行度		已加工表面粗糙度	12S 以内

这是低碳钢大型板材的精加工切削的示例。为了对易焊接的低碳钢进行加工，采用了金属陶瓷材料的刀具。

以前使用的是其他金属陶瓷材料的刀具，但通过使用 CT520，将刀具寿命提高 1.7 倍，从 260 分钟提高到 450min。

（资料：山特维克）

加工材料	工件名称	机器零件
	工件材料	相当于 SS41
	硬度	
	加工前热处理状态	
使用刀具	名称	面铣刀
	切削刃的材料	CVD 涂层（GC–A＝P25）
	型号（制造企业）	SEMN1204AZ（山特维克）
	刀具夹持方法	楔形夹
切削条件	切削速度/(m/min)	150
	转速/(r/min)	300
	进给速度/(mm/min)	400～500
	切削深度/mm	轴向 3～4，径向 130
	切削液（名称）	干式切削
使用机床	名称	加工中心
	型号（制造企业）	
	机床输出功率/kW	20
	数控装置（轴数）	

加工零部件的形状与尺寸：1050 × 1200 × 1050

要求精度	圆度		平面度	
	直线度		垂直度	
	圆柱度			
	平行度		已加工表面粗糙度	12.5S

这是对低碳钢焊接结构材料（相当于 SS41）进行正面铣削的示例。以前使用 45°大前角车刀，但通过采用 CVD 涂层材料 GC–A（P25），刀具寿命较其他公司的同类产品提高 3 倍（50min/刃→150min/刃）。

刀片的厚度比一般的大前角厚 1.5mm，具有较高的切削强度。当它与涂层或金属陶瓷材料结合使用时，会表现出良好的切削性能。此外，由于其平行刃带宽大，为 2.0mm，因此即使用高进给量进行切削，精加工后的表面质量也很好。

（资料：山特维克）

加工材料	工件名称	试件
	工件材料	S50C
	硬度	200HBW
	加工前热处理状态	淬火，回火
使用刀具	名称	面铣刀
	切削刃的材料	金属陶瓷（CH550）
	型号（制造企业）	FEM45-4100R（日立刀具）
	刀具夹持方法	
切削条件	切削速度/(m/min)	150
	转速/(r/min)	477
	进给速度/(mm/min)	360
	切削深度/mm	轴向3，径向2
	切削液（名称）	干式切削
使用机床	名称	立式加工中心
	型号（制造企业）	VK65（日立精机）
	机床输出功率/kW	11
	数控装置（轴数）	(3)

要求精度			
圆度		平面度	
直线度		垂直度	
圆柱度			
平行度		已加工表面粗糙度	

为了高效进行大斗形工件的加工，采用大型面铣刀（α45铣刀）替代传统的小型刀具（立铣刀），从而提高效率，实践证明可以在 Z 向上进行切削和扩展加工。

（资料：日立刀具·成田工厂）

加工材料	工件名称	试件
	工件材料	S50C
	硬度	220HBW
	加工前热处理状态	淬火，回火
使用刀具	名称	面铣刀
	切削刃的材料	金属陶瓷（CH550）
	型号（制造企业）	FEM45-4100R（日立刀具）
	刀具夹持方法	
切削条件	切削速度/(m/min)	180
	转速/(r/min)	573
	进给速度/(mm/min)	580
	切削深度/mm	1.2
	切削液（名称）	干式切削
使用机床	名称	立式加工中心
	型号（制造企业）	VK65（日立精机）
	机床输出功率/kW	11
	数控装置（轴数）	(3)

要求精度			
圆度		平面度	
直线度		垂直度	
圆柱度			
平行度		已加工表面粗糙度	

证明虽然是面铣刀，但也可以靠近工件壁进行方肩铣削加工。此外，它还具有刀体重量轻、有效利用加工中心刀库的优点。

（资料：日立刀具·成田工厂）

平面铣削加工

加工材料	工件名称	气缸体（粗加工）	
	工件材料	FC23（黑皮）	
	硬度	230HBW	
	加工前热处理状态		
使用刀具	名称	面铣刀	
	切削刃的材料	Si_3N_4陶瓷（SX8）	
	型号（制造企业）	（日本特殊陶业）	
	刀具夹持方法	楔形夹	
切削条件	切削速度/(m/min)	108	
	转速/(r/min)	129	
	进给速度/(mm/r)	0.3	
	切削深度/mm	2.0	
	切削液（名称）	干式切削	
使用机床	名称	自动线	
	型号（制造企业）	（丰田工机）	
	机床输出功率/kW		
	数控装置（轴数）		

加工零部件的形状与尺寸：550、300

要求精度	圆度		平面度	
	直线度		垂直度	
	圆柱度			
	平行度		已加工表面粗糙度	

使用陶瓷刀具能够延长刀具寿命。

使用硬质合金涂层刀具，当每刃加工800件时，缸膛和工件侧面将产生边缘缺口，寿命终结。因此，采用了Si_3N_4（氮化硅）刀具，它的耐磨性高，强度也远高于传统的陶瓷刀具，延长了刀具寿命（防止崩刃）。

其结果是，刀具寿命从800件/刃延长到2000件/刃，减少了加工和换刀的次数。

（资料：日本特殊陶业）

加工材料	工件名称	外壳	
	工件材料	FC25	
	硬度		
	加工前热处理状态		
使用刀具	名称	面铣刀	
	切削刃的材料	赛隆系陶瓷（KYON3000）	
	型号（制造企业）	TPKN2204PDTR（神户肯纳）	
	刀具夹持方法	楔形刀片夹	
切削条件	切削速度/(m/min)	600（粗加工）	704（精加工）
	转速/(r/min)	1200~1400	1200~1400
	进给速度/(mm/min)	0.15mm/Z	1100
	切削深度/mm	1.5~3	1.5~3
	切削液（名称）	干式切削	
使用机床	名称	卧式加工中心	
	型号（制造企业）	HC500（日立精机）	
	机床输出功率/kW	15	
	数控装置（轴数）	YASNAC	

加工零部件的形状与尺寸：40、30、60、120

要求精度	圆度		平面度	
	直线度		垂直度	
	圆柱度			
	平行度		已加工表面粗糙度	

我们采用了相当于K10的硬质合金刀片，这是一种常见的加工方法，在切削速度为126~178m/min（精加工）、每齿进给速度为0.12~0.19mm/Z（精加工）的标准条件下进行加工。因此，为了实现缩短加工时间、提高生产效率、降低加工成本的目的，选择使用塞隆系陶瓷刀片，进行高速加工。

其结果是，通过使用与传统刀片形状相同的陶瓷刀片（KYON3000），加工时的切削速度提高5倍（粗加工：600m/min，精加工：700m/min），将该工序的加工时间缩短为原有的1/4。此外还确保了刀具寿命与此前相同，经评估，缩短加工时间带来的收益为2万日元/天。

（资料：神户肯纳）

加工材料	工件名称	试件		
	工件材料	SX105V（火焰淬火钢）+ FC30		
	硬度	217HBW 以下（SX105V）		
	加工前热处理状态	退火		
使用刀具	名称	球头立铣刀（φ40）	加工零部件的形状与尺寸	
	切削刃的材料	CBN + 硬质合金		
	型号（制造企业）	TBB2400（东芝泰珂洛）		
	刀具夹持方法	铣削卡盘		
切削条件	切削速度/(m/min)	628		
	转速/(r/min)	5000		
	进给速度/(mm/min)	2000		
	切削深度/mm	0.5（间距0.5）		
	切削液（名称）	干式切削		
使用机床	名称	卧式加工中心	要求精度	圆度 / 平面度 / 直线度 / 垂直度 / 圆柱度 / 平行度 / 已加工表面粗糙度
	型号（制造企业）	MC-600H（大隈）		
	机床输出功率/kW	22/15（30分/连续）		
	数控装置（轴数）	OSP5020M（3）		

这是使用CBN刀具对复杂形状进行高速、高精度切削加工的示例。为了高效地加工复杂形状零件，使用OSP5020M（Hi²-NC），满足加工时规定的公差，并控制转角处的速度，以保证同时实现高速进给和高精度加工。

虽然顶角部分的进给速度略有降低，但这也降低了刀具的负荷。切削时间为5h30min，加工后未发现切削刃缺损等异常损坏，铸件与钢材连接处几乎没有段差。CBN部分的刀片几乎没有磨损，硬质合金部分的刀片磨损量约为0.05~0.3mm。

（资料：大隈）

加工材料	工件名称	外壳		
	工件材料	SS41		
	硬度	120HBW		
	加工前热处理状态			
使用刀具	名称	粗加工立铣刀（粗加工）	6片刃立铣刀（φ40）（精加工）	加工零部件的形状与尺寸
	切削刃的材料	高速钢（SKH56）	高速钢（SKH56）	
	型号（制造商）	（欧士机）	（欧士机）	
	刀具夹持方法	悬伸长100mm		
	切削速度/(m/min)	25	25	
切削条件	转速/(r/min)	200	200	
	进给速度/(mm/min)	50	150	
	切削深度/mm	2	0.1	
	切削液（名称）	干式切削		
使用机床	名称	卧式镗床	要求精度	圆度 / 平面度 / 直线度 / 垂直度 / 圆柱度 / 平行度 / 已加工表面粗糙度 50S（粗） 12.5S
	型号（制造商）	BSF-32/29（东芝机械）		
	机床输出功率/kW	60		
	数控装置（轴数）			

（资料：东芝·京滨事业所）

端面铣削加工

加工材料	工件名称	浇口
	工件材料	SKD11
	硬度	47HRC
	加工前热处理状态	淬火
使用刀具	名称	可转位立铣刀
	切削刃的材料	硬质合金
	型号（制造企业）	（山高刀具）
	刀具夹持方法	侧锁式支架（BT50）
切削条件	切削速度/(m/min)	55
	转速/(r/min)	875
	进给速度/(mm/min)	105
	切削深度/mm	6.5×φ20
	切削液（名称）	干式切削
使用机床	名称	卧式加工中心
	型号（制造企业）	HN50B（新潟铁工所）
	机床输出功率/kW	15
	数控装置（轴数）	FANUC 15M (3)

加工零部件的形状与尺寸

要求精度	圆度	平面度
	直线度	垂直度
	圆柱度	
	平行度	已加工表面粗糙度

对于工件，重要的是确认能否将工件淬火后加工以及加工时间。

加工工序如下：①强力立铣刀；②硬质合金油孔钻头；③强力立铣刀（本工序）；④球头立铣刀。

加工时间约为 2h，虽然就加工余量而言并不是重切削，但对机械刚度的要求高。

（资料：新潟铁工所）

加工材料	工件名称	曲面上的网状深肋拱
	工件材料	NAK55（大同兴业）
	硬度	43HRC
	加工前热处理状态	
使用刀具	名称	深肋拱用立铣刀（φ2）
	切削刃的材料	硬质合金
	型号（制造企业）	RIB STAR（日立刀具）
	刀具夹持方法	
切削条件	切削速度/(m/min)	62.8
	转速/(r/min)	10000
	进给速度/(mm/min)	500
	切削深度/mm	0.05
	切削液（名称）	非水溶性（出光 HS2）
使用机床	名称	双主轴立式加工中心
	型号（制造企业）	B-10V500TH（静冈铁工所）
	机床输出功率/kW	主：11 副：3.2
	数控装置（轴数）	YASNAC MX-Ⅲ (3)

加工零部件的形状与尺寸：肋拱宽2mm，深度8mm

要求精度	圆度	平面度
	直线度	垂直度
	圆柱度	
	平行度	已加工表面粗糙度

使用双主轴立式加工中心，其具有 NT50(20~500r/min) 的强力主轴和 NT25（5000~20000r/min）的高速主轴，先用粗加工立铣刀进行粗加工，再用孔加工立铣刀进行表面精加工，然后在高速主轴侧进行深肋拱加工。

用 ATC 更换 3 件深肋拱用立铣刀，并对加工条件进行测试，获得了良好的精加工表面质量。

这是使用双主轴立式加工中心进行的一次主轴转速为10000r/min且连续工作了4h的加工，经过证实，此加工中心还能完成连续运转 20~30h 的更为复杂的加工，如深肋拱加工或用金属陶瓷球头立铣刀等进行的抛光加工。

（资料：静冈铁工所）

加工材料	工件名称	键槽	加工零部件的形状与尺寸	
	工件材料	S45C		
	硬度	HV200		
	加工前热处理状态			
使用刀具	名称	立铣刀（φ8mm）		
	切削刃的材料	硬质合金		
	型号（制造企业）			
	刀具夹持方法	瑞格夹头		
切削条件	切削速度/(m/min)	25.1		
	转速/(r/min)	1000		
	进给速度/(mm/r)	0.04		
	切削深度/mm	4		
	切削液（名称）	水溶性（Hysol X）		
使用机床	名称	主轴固定型数控车床	要求精度	圆度 / 平面度
	型号（制造商）	CINCOM GL30（西铁城钟表）		直线度 / 垂直度
	机床输出功率/kW	刀具主轴 0.75		圆柱度
	数控装置（轴数）	FANUC 0T-C（3）		平行度 / 已加工表面粗糙度

对加工能力进行检测，刀具插进侧和刀具拉出侧的键槽宽度分别为 7.996μm 和 8.0μm。

（资料：西铁城钟表）

加工材料	工件名称	机器小零件	加工零部件的形状与尺寸	
	工件材料	S45C		
	硬度	200HV		
	加工前热处理状态			
使用刀具	名称	立铣刀（φ10）		
	切削刃的材料	硬质合金		
	型号（制造企业）			
	刀具夹持方法	瑞格夹头		
切削条件	切削速度/(m/min)	31.4		
	转速/(r/min)	1000		
	进给速度/(mm/r)	0.04		
	切削深度/mm	6		
	切削液（名称）	水溶性（Hysol X）		
使用机床	名称	主轴固定型数控车床	要求精度	圆度 / 平面度
	型号（制造企业）	CINCOM GL30（西铁城钟表）		直线度 / 垂直度
	机床输出功率/kW	刀具主轴 0.75		圆柱度
	数控装置（轴数）	FANUC 0T-C（3）		平行度 / 已加工表面粗糙度

经过加工，得到了表面粗糙度 $R_{max}0.48\mu m$，精度较高。

（资料：西铁城钟表）

73

端面铣削加工

加工材料	工件名称	放电加工用电极（摩托车前挡风板）
	工件材料	石墨
	硬度	
	加工前热处理状态	
使用刀具	名称	可转位球头立铣刀
	切削刃的材料	烧结金刚石
	型号（制造企业）	DBL－R5.0（石井精密工业）
	刀具夹持方法	CTH20－60（沟口铁工所）
切削条件	切削速度/(m/min)	471
	转速/(r/min)	15000
	进给速度/(mm/min)	3000
	切削深度/mm	0.5
	切削液（名称）	干式切削
使用机床	名称	石墨电极加工机
	型号（制造企业）	SNC64－A15（牧野铣削制作所）
	机床输出功率/kW	AC3.7/2.2（15分/连续）
	数控装置（轴数）	YASNAC－MX3（3）

加工零部件的形状与尺寸：610mm×360mm×250mm

要求精度			
圆度		平面度	
直线度		垂直度	
圆柱度			
平行度		已加工表面粗糙度	

这是用石墨电极加工机加工放电加工用电极的例子。其目的是通过使用金刚石球头铣刀来提高刀具寿命。结果使刀具寿命比硬质合金刀具提高了5倍以上。

（资料：牧野铣削制作所）

加工材料	工件名称	试件
	工件材料	S50C
	硬度	210HBW
	加工前热处理状态	退火
使用刀具	名称	可转位立铣刀
	切削刃的材料	硬质合金（UX30＝P30）
	型号（制造企业）	EVP1025R（东芝泰珂洛）
	刀具夹持方法	铣削卡盘
切削条件	切削速度/(m/min)	100
	转速/(r/min)	1273
	进给速度/(mm/r)	进入0.05，切槽0.07
	切削深度/mm	15
	切削液（名称）	干式切削
使用机床	名称	立式加工中心
	型号（制造企业）	Vertimac－C（碌碌产业）
	机床输出功率/kW	11
	数控装置（轴数）	FANUC 15M（3）

加工零部件的形状与尺寸：15

要求精度			
圆度		平面度	
直线度		垂直度	
圆柱度			
平行度		已加工表面粗糙度	

以前加工槽时需要先用钻头钻导孔，再用立铣刀进行槽切削，现在可以使用底部有切削刃的可转位立铣刀独立完成钻孔和槽切削的加工过程。

此外，由于此刀具的外周切削刃长度较长（刀具直径 ϕ25mm、外周切削刃长度为15mm），因此还可以在方肩铣削和槽切削中进行深切削，提高效率。

（资料：东芝泰珂洛）

加工材料	工件名称	试件
	工件材料	S50C
	硬度	250HBW
	加工前热处理状态	淬火，回火
使用刀具	名称	可转位立铣刀
	切削刃的材料	硬质合金（UX30 = P30）
	型号（制造企业）	ELD3040R（东芝泰珂洛）
	刀具夹持方法	铣削卡盘
切削条件	切削速度/(m/min)	100
	转速/(r/min)	796
	进给速度/(mm/r)	0.15
	切削深度/mm	轴向40，径向15
	切削液（名称）	
使用机床	名称	立式通用铣床
	型号（制造企业）	4MK（日立精机）
	机床输出功率/kW	22.5
	数控装置（轴数）	

要求精度	圆度		平面度	
	直线度		垂直度	
	圆柱度			
	平行度		已加工表面粗糙度	

加工中使用的刀具，其切削刃为四排，交错排列着许多可转位刀片，因此切削时机器振动小，切削噪声低。此外，刀具的刚度足够高，不会出现刀具颤振的现象。切削刃的前角设置合理，锋利度良好。此外，切屑卷曲，排屑性较好。

（资料：东芝泰珂洛）

加工材料	工件名称	模具
	工件材料	S55C
	硬度	230HBW
	加工前热处理状态	淬火，回火
使用刀具	名称	可转位立铣刀
	切削刃的材料	金属陶瓷（NS540）
	型号（制造企业）	ESD2020R（东芝泰珂洛）
	刀具夹持方法	铣削卡盘架
切削条件	切削速度/(m/min)	120
	转速/(r/min)	1900
	进给速度/(mm/min)	380
	切削深度/mm	3
	切削液（名称）	干式切削
使用机床	名称	立式加工中心
	型号（制造企业）	
	机床输出功率/kW	11
	数控装置（轴数）	FANUC 15M（3）

要求精度	圆度		平面度	
	直线度		垂直度	
	圆柱度			
	平行度		已加工表面粗糙度	▽▽

端铣加工中，为实现刀片的可转位，使用带有金属陶瓷刀片的小直径立铣刀，不需要对其进行重新研磨。

金属陶瓷（NS540）刀具具有较高的耐磨性和耐缺损性，其刀具寿命是传统刀具的2~3倍。

（资料：东芝泰珂洛）

端面铣削加工

加工材料	工件名称	模具
	工件材料	S55C
	硬度	230HBW
	加工前热处理状态	淬火，回火
使用刀具	名称	可转位立铣刀
	切削刃的材料	硬质合金（UX30 = P30）
	型号（制造企业）	ESD5040R（东芝泰珂洛）
	刀具夹持方法	铣削卡盘支架
切削条件	切削速度/(m/min)	100
	转速/(r/min)	796
	进给速度/(mm/min)	240
	切削深度/mm	导程为4mm
	切削液（名称）	干式切削
使用机床	名称	立式加工中心
	型号（制造企业）	VMC-55（东芝机械）
	机床输出功率/kW	15
	数控装置（轴数）	三重7（3）

要求精度			
圆度		平面度	
直线度		垂直度	
圆柱度			
平行度		已加工表面粗糙度	▽▽

使用可转位立铣刀（斜线下刀立铣刀 ESD5000 系列），对模具的型腔进行加工，采用倾斜进给方向加工孔的新方法。以前在钻孔加工之后进行粗加工，如果使用专用的立铣刀就可以只用1把刀具进行型腔加工。

ESD 被设计成在倾斜进给时对切削阻力的平衡更好，因此即使刀体刀柄较长也不会产生颤振。

（资料：东芝泰珂洛）

加工材料	工件名称	试件
	工件材料	FC30
	硬度	190HBW
	加工前热处理状态	
使用刀具	名称	可转位球头立铣刀（φ40mm）
	切削刃的材料	CBN（BX270，P30U 涂层）
	型号（制造企业）	TBB2400LS（东芝泰珂洛）
	刀具夹持方法	铣削卡盘
切削条件	切削速度/(m/min)	565
	转速/(r/min)	4500
	进给速度/(mm/min)	3500
	切削深度/mm	1
	切削液（名称）	干式切削
使用机床	名称	立式加工中心
	型号（制造企业）	
	机床输出功率/kW	11
	数控装置（轴数）	FANUC 15M（3）

要求精度			
圆度		平面度	
直线度		垂直度	
圆柱度			
平行度		已加工表面粗糙度	

这是一个用 CBN 球头立铣刀进行曲面加工的例子。CBN 球头立铣刀能够以硬质合金球头立铣刀 2~5 倍的进给速度进行加工，大幅缩短了模具的精加工时间。

此外，通过采用 CBN 材料，极大延长了刀具寿命，能够

在不更换刀具的前提下对大型模具进行加工，加工时间是 7~8h。

（资料：东芝泰珂洛）

加工材料	工件名称	试件
	工件材料	铝材（相当于 A7075）
	硬度	
	加工前热处理状态	
使用刀具	名称	实心立铣刀
	切削刃的材料	硬质合金（TH10 = K10）
	型号（制造企业）	SEE2060 - A（东芝泰珂洛）
	刀具夹持方法	
切削条件	切削速度/(m/min)	377
	转速/(r/min)	20000
	进给速度/(mm/min)	1000
	切削深度/mm	4
	切削液（名称）	干式切削
使用机床		立式加工中心

加工零部件的形状与尺寸：200 × 100

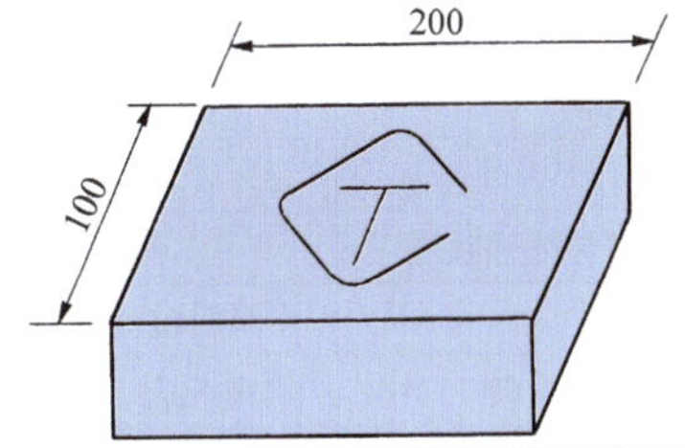

在一般的实心立铣刀中，刀具后刀面、前刀面上出现熔敷、挤压，排屑有问题。

通过使用铝加工用实心立铣刀（SEE2060 - A），虽然是干式切削，但几乎不发生熔敷，排屑状态也很好。提高了加工面的表面质量。

（资料：东芝泰珂洛）

加工材料	工件名称	模具
	工件材料	FCD50
	硬度	170~241HBW
	加工前热处理状态	
使用刀具	名称	可转位球头立铣刀
	切削刃的材料	CBN（BN200）
	型号（制造企业）	BNBE2500TS（住友电气工业）
	刀具夹持方法	侧锁式
切削条件	切削速度/(m/min)	942
	转速/(r/min)	6000
	进给速度/(mm/min)	2000，5000
	切削深度/mm	1.0~1.5
	切削液（名称）	干式切削
使用机床		立式加工中心

加工零部件的形状与尺寸：1400 × 1300，加工余量 10，1.0，1.51

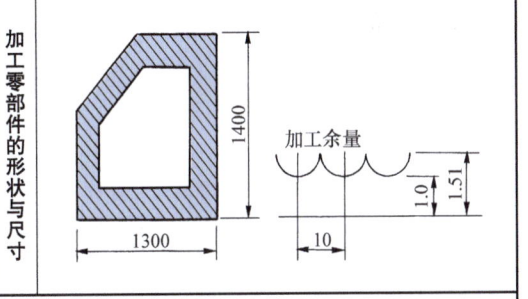

目的是使用 CBN 刀具对 FCD50 材质的模具进行高速切削加工。其结果是得到良好的精加工表面，没有发生崩刃，即使总切削长度为 450m，刀尖也只有少量磨损，可以继续使用。

（资料：住友电气工业）

加工材料	工件名称	模具
	工件材料	FC25
	硬度	241HBW 以下
	加工前热处理状态	
使用刀具	名称	可转位球头立铣刀
	切削刃的材料	CBN（BN200）
	型号（制造商）	BNBE2500TS（住友电气工业）
	刀具夹持方法	侧锁式
切削条件	切削速度/(m/min)	942
	转速/(r/min)	6000
	进给速度/(mm/min)	2000
	切削深度/mm	0.1~1.51
	切削液（名称）	干式切削
使用机床		立式加工中心

加工零部件的形状与尺寸：1200，600，1300，700，加工余量 10，1.0，1.51

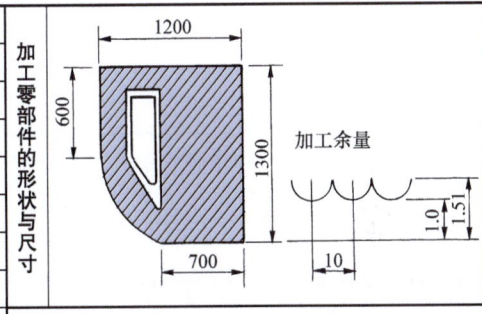

这是使用 CBN 刀具对 FC25 材质的模具进行高速加工的例子。总切削长度为 1800m 时，切削刃也只有少量磨损，可以继续使用，刀尖无崩刃，精加工表面质量也很好。

（资料：住友电气工业）

端面铣削加工

端面铣削加工

加工材料	工件名称	块料
	工件材料	SKT4
	硬度	40～42HRC
	加工前热处理状态	淬火，回火
使用刀具	名称	可转位球头立铣刀（φ25）
	切削刃的材料	硬质合金（A30N＝P系）
	型号（制造企业）	BEM2250S（住友电气工业）
	刀具夹持方法	铣削卡盘支架
切削条件	切削速度/(m/min)	61
	转速/(r/min)	780
	进给速度/(mm/min)	230
	切削深度/mm	轴向3，进给间隔4
	切削液（名称）	干式切削，鼓风
使用机床	名称	立式加工中心
	型号（制造企业）	V-15（山崎马扎克）
	机床输出功率/kW	11
	数控装置（轴数）	

加工零部件的形状与尺寸：45°，300/道次，10

要求精度：圆度、平面度、直线度、垂直度、圆柱度、平行度、已加工表面粗糙度

为了比较刀具在加工锻造模具材料时的切削性能（刀具寿命），进行了试加工。本公司使用的是BEM2250S，A公司使用的是双刃型硬质合金可转位球头立铣刀，B公司使用的是多刃型硬质合金可转位球头立铣刀。

试加工结果为，BEM2250S的切削刃在第53道次时开始发亮，在58道次（84min）时切削刃崩刃，加工终止；A公司所用刀具的切削面从第9道次开始发亮，在进行第12道次（18min）的切入加工时，中心切削刃严重崩裂，加工终止；B公司所用刀具的刀片在第10道次（14min）的切入加工时严重崩裂，刀体无法使用。由此可知，BEM2250S的刀具寿命是其他公司产品的5～6倍。

（资料：住友电气工业）

加工材料	工件名称	模具
	工件材料	SCM440（合金钢）
	硬度	30HRC
	加工前热处理状态	淬火，回火
使用刀具	名称	可转位球头立铣刀
	切削刃的材料	金属陶瓷
	型号（制造企业）	SFB2200T（住友电气工业）
	刀具夹持方法	弹簧夹头
切削条件	切削速度/(m/min)	251
	转速/(r/min)	4000
	进给速度/(mm/min)	1200
	切削深度/mm	轴向1.0，进给间隔0.8
	切削液（名称）	干式切削
使用机床	名称	立式加工中心
	型号（制造企业）	FV45（丰田工机）
	机床输出功率/kW	7.5
	数控装置（轴数）	FANUC 11M（3）

加工零部件的形状与尺寸：200×300

要求精度：圆度、平面度、直线度、垂直度、圆柱度、平行度、已加工表面粗糙度 3S以下

模具加工的切削距离普遍长，且对已加工表面粗糙度要求非常高。因此，尝试通过用金属陶瓷球头立铣刀取代传统的硬质合金球头立铣刀来解决这些问题。

因为金属陶瓷硬度高，耐热性强，并且与铁之间的亲和力低，所以被认为是最适合用于模具加工的材料。

其结果是金属陶瓷刀具的加工效率比硬质合金刀具高3倍，已加工表面粗糙度为3S，降到硬质合金刀具的一半以下。

（资料：住友电气工业）

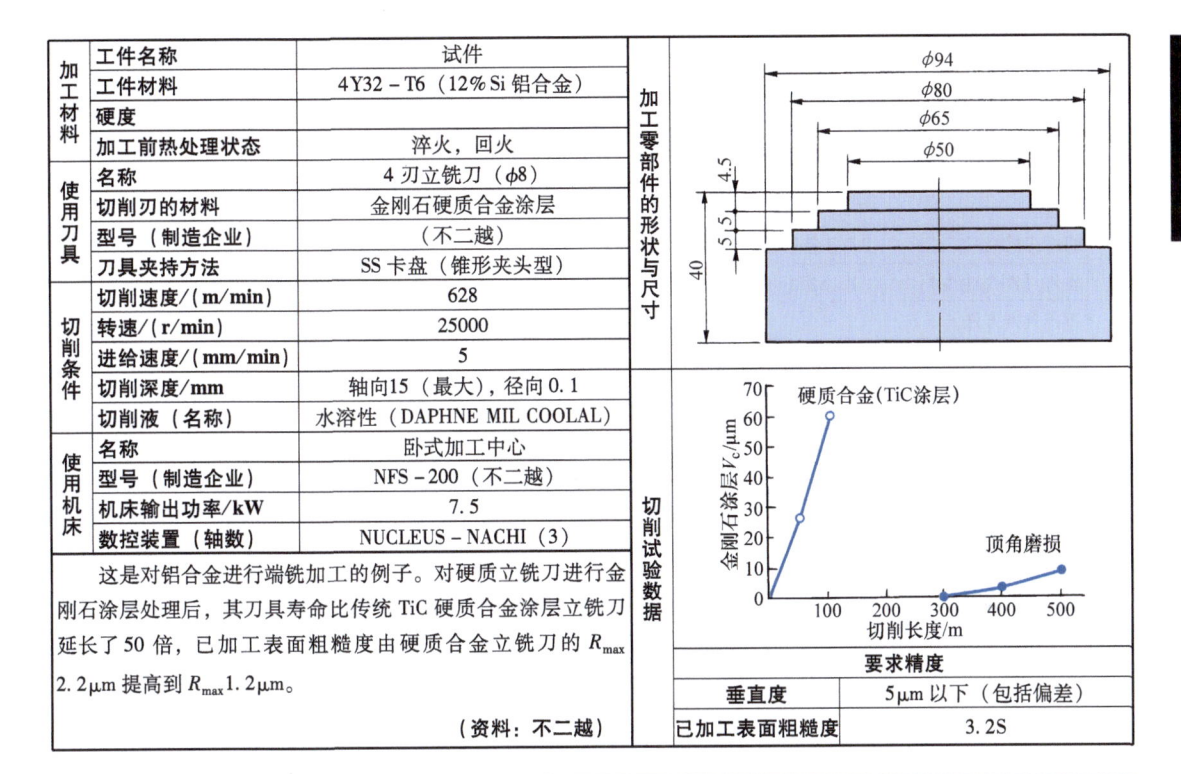

加工材料	工件名称	试件	加工零部件的形状与尺寸	
	工件材料	4Y32-T6（12%Si 铝合金）		
	硬度			
	加工前热处理状态	淬火，回火		
使用刀具	名称	4刃立铣刀（$\phi8$）		
	切削刃的材料	金刚石硬质合金涂层		
	型号（制造企业）	（不二越）		
	刀具夹持方法	SS卡盘（锥形夹头型）		
切削条件	切削速度/(m/min)	628		
	转速/(r/min)	25000		
	进给速度/(mm/min)	5		
	切削深度/mm	轴向15（最大），径向0.1		
	切削液（名称）	水溶性（DAPHNE MIL COOLAL）		
使用机床	名称	卧式加工中心	切削试验数据	
	型号（制造企业）	NFS-200（不二越）		
	机床输出功率/kW	7.5		
	数控装置（轴数）	NUCLEUS-NACHI（3）		

这是对铝合金进行端铣加工的例子。对硬质立铣刀进行金刚石涂层处理后，其刀具寿命比传统TiC硬质合金涂层立铣刀延长了50倍，已加工表面粗糙度由硬质合金立铣刀的R_{max} 2.2μm提高到R_{max} 1.2μm。

（资料：不二越）

要求精度	
垂直度	5μm以下（包括偏差）
已加工表面粗糙度	3.2S

加工材料	工件名称	试件	加工零部件的形状与尺寸	
	工件材料	A2024P（铝合金）		
	硬度			
	加工前热处理状态			
使用刀具	名称	立铣刀		
	切削刃的材料	硬质合金（RG）		
	型号（制造企业）	CA-RG-EDS（欧士机）		
	刀具夹持方法	铣削卡盘		
切削条件	切削速度/(m/min)	251.33		
	转速/(r/min)	8000		
	进给速度/(mm/min)	1600~4000（0.1~0.25mm/Z）		
	切削深度/mm	轴向15，径向0.5		
	切削液（名称）	干式切削		
使用机床	名称	立式铣床	切削试验数据	
	型号（制造企业）			
	机床输出功率/kW	7.5		
	数控装置（轴数）			

铜和铝的切削面容易出现塌陷和起伏，这是使用专门为铜和铝的精加工而开发的立铣刀（CA-RG-EDS）进行铝合金加工的例子。

通过设计切削刃和后刀面的形状，将精加工表面的表面粗糙度值改善至传统类型的一半以下。

（资料：欧士机销售）

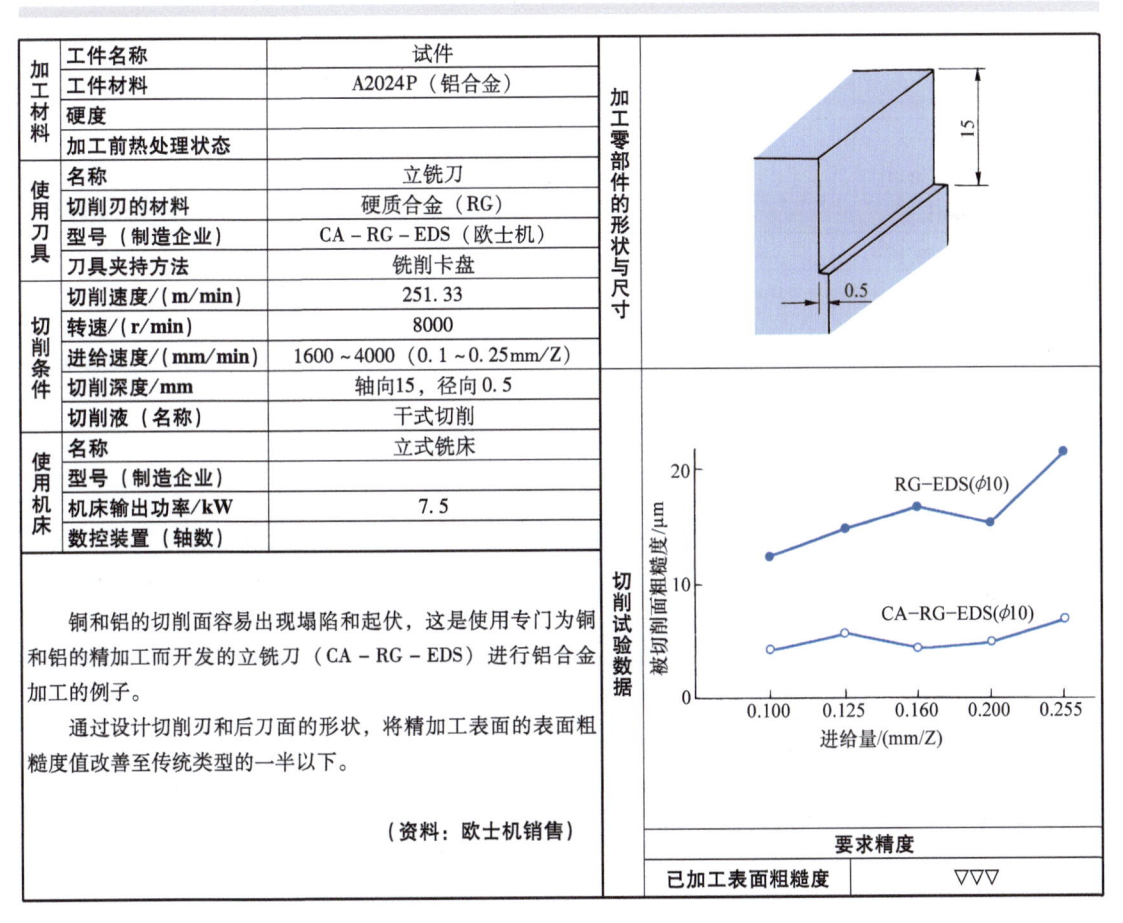

要求精度	
已加工表面粗糙度	▽▽▽

端面铣削加工

加工材料	工件名称	试件
	工件材料	S50C
	硬度	94HRB
	加工前热处理状态	
使用刀具	名称	4刃立铣刀（φ8）
	切削刃的材料	TiN涂层粉末高速钢（SXM）
	型号（制造企业）	SXM-EMS（欧士机）
	刀具夹持方法	铣削卡盘
切削条件	切削速度/(m/min)	70
	转速/(r/min)	2800
	进给速度/(mm/min)	650（0.06mm/刃）
	切削深度/mm	轴向12，径向0.8
	切削液（名称）	非水溶性（氯化硫油）
使用机床（输出功率/kW）		立式加工中心（11）

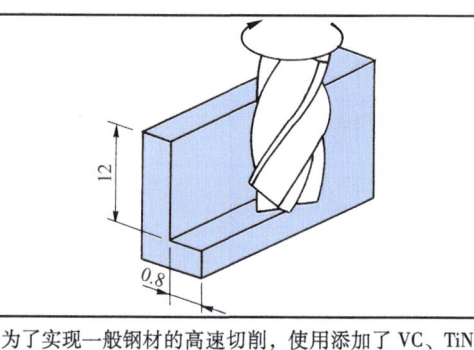

加工零部件的形状与尺寸

为了实现一般钢材的高速切削，使用添加了VC、TiN并涂覆TiN的高硬度（71HRC以上）新材料粉末高速钢立铣刀（SXM Super Exo Mill），使切削速度达到70m/min，实现了高效率的加工。由于该刀具具有高耐磨性和高耐热性的特点，可实现稳定的高速切削。

（资料：欧士机销售）

加工材料	工件名称	试件
	工件材料	SKD11
	硬度	60HRC
	加工前热处理状态	淬火
使用刀具	名称	焊接立铣刀
	切削刃的材料	CBN
	型号（制造企业）	MBOS（欧士机）
	刀具夹持方法	铣削卡盘
切削条件	切削速度/(m/min)	100
	转速/(r/min)	3200
	进给速度/(mm/min)	100（0.03mm/Z）
	切削深度/mm	0.5
	切削液（名称）	干式切削
使用机床（输出功率/kW）		立式加工中心（17.5）

通过切削加工对已磨削加工过的淬火钢进行精加工，大大提高了效率。此外，在和其他公司同等产品的比较试验中也可得知，其刀具寿命是其他公司产品的3倍以上，可实现长时间的无人操作。
硬质合金刀体具有较高的刚度，能够顺利加工，不产生颤振，已加工表面质量也很好。

（资料：欧士机销售）

加工材料	工件名称	机床工作台底座
	工件材料	FC30
	硬度	
	加工前热处理状态	
使用刀具	名称	可转位立铣刀
	切削刃的材料	硬质合金（K类）
	型号（制造企业）	OSG-WALTER·F2038C（欧士机）
	刀具夹持方法	F2038C+前片用心轴
切削条件	切削速度/(m/min)	60
	转速/(r/min)	300
	进给速度/(mm/min)	210（0.35mm/Z）
	切削深度/mm	3~10
	切削液（名称）	干式切削
使用机床（输出功率/kW）		立式加工中心（22）

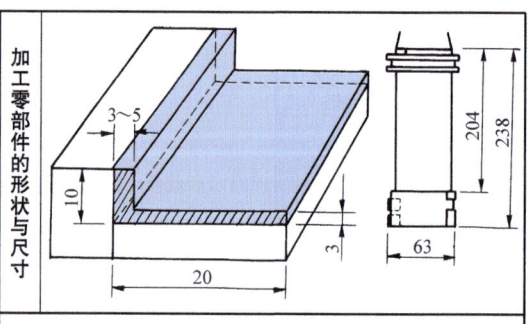

这是一个悬伸较长的粗加工例子。
带可转位刀头的粗加工用铣刀（OSG-WALTER F20380）的前片，结合为了深腔加工而研发出的特殊心轴，可以对那些以前因发生颤振而难以加工的部分进行有效的粗加工。并大大缩短深腔模具的粗加工时间。

（资料：欧士机销售）

加工材料	工件名称	机器零件	加工零部件的形状与尺寸	
	工件材料	相当于S45C		
	硬度	180HBW		
	加工前热处理状态			
使用刀具	名称	立铣刀		
	切削刃的材料	CVD涂层（GC–A＝P25）		
	型号（制造企业）	R215.44–090208–BAM（山特维克）		
	刀具夹持方法	R215.44，φ25		
切削条件	切削速度/(m/min)	112		
	转速/(r/min)	1420		
	进给速度/(mm/min)	850		
	切削深度/mm	轴向3.5，径向25		
	切削液（名称）	干式切削		
使用机床（输出功率/kW）		加工中心（3.5）		

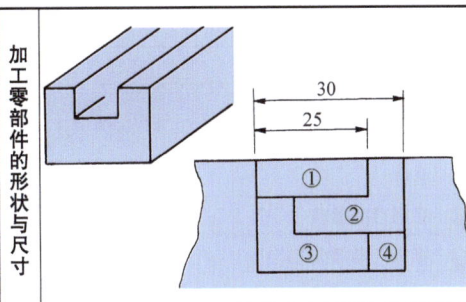

这是用立铣刀对相当于S45的材料进行槽粗加工的例子。CVD涂层（GC–A）波纹刀片具有很高的切削刃强度和很长的刀具寿命，在切槽过程中还具有良好的排屑能力。

（资料：山特维克）

加工材料	工件名称	机器零件	加工零部件的形状与尺寸	
	工件材料	相当于SCM440		
	硬度			
	加工前热处理状态			
使用刀具	名称	可转位钻头立铣刀		
	切削刃的材料	CVD涂层（GC135＝P40）		
	型号（制造企业）	R21612–100204（山特维克）		
	刀具夹持方法	螺纹夹		
切削条件	切削速度/(m/min)	80		
	转速/(r/min)	1600		
	进给速度/(mm/min)	96		
	切削深度/mm	轴向5，径向16		
	切削液（名称）	水溶性（乳剂）		
使用机床（输出功率/kW）		加工中心（5.5）		

这是用钻头立铣刀进行加工的例子。刀片材料采用CVD涂层（GC235），与传统的硬质合金材料（P40）相比，生产率提高了约20%。此外，刀具寿命也提高了约2倍。

（资料：山特维克）

加工材料	工件名称	注塑机用丝杠	加工零部件的形状与尺寸	
	工件材料	SNCM		
	硬度	300HBW		
	加工前热处理状态			
使用刀具	名称	可转位立铣刀		
	切削刃的材料	CVD涂层（GC235＝P40）		
	型号（制造企业）	R215.44–090208–BAM（山特维克）		
	刀具夹持方法	R215.44，φ16mm		
切削条件	切削速度/(m/min)	75		
	转速/(r/min)	2000		
	进给速度/(mm/min)	90		
	切削深度/mm	轴向5，径向12		
	切削液（名称）	水溶性（乳剂）		
使用机床（输出功率/kW）		卧式专用机		

导程角：30°
螺纹全长：1410

这是加工注塑机用丝杠上沟槽的例子。使用带有u–MAX用波纹刀片的立铣刀，与传统的高速钢立铣刀相比，生产效率提高了约4倍。
刀片为高韧性涂层材料（GC235），刀具寿命长且稳定。此外，切削刃强度得到了很大的提高，切屑处理性能也得到了改善。

（资料：山特维克）

端面铣削加工

加工材料	工件名称	锉刀
	工件材料	SKS8（合金工具钢）
	硬度	68HRC
	加工前热处理状态	淬火
使用刀具	名称	可转位立铣刀（φ20mm）
	切削刃的材料	硬质合金涂层
	型号（制造企业）	日立刀具
	刀具夹持方法	弹簧夹头
切削条件	切削速度/(m/min)	30
	转速/(r/min)	480
	进给速度/(mm/min)	100
	切削深度/mm	0.1
	切削液（名称）	干式切削
使用机床	名称	立式加工中心
	型号（制造企业）	VK65（日立精机）
	机床输出功率/kW	11（30分定格）
	数控装置（轴数）	SEICOS（3）

要求精度			
圆度		平面度	
直线度		垂直度	5μm
圆柱度			
平行度		已加工表面粗糙度	4μm

这是加工高硬度淬火材料的专用立铣刀"Hard Star"性能展示的例子。加工时间约为5min，槽侧面的表面粗糙度超过4.0μm。

（资料：日立刀具·大阪工厂）

加工材料	工件名称	试件
	工件材料	S50C
	硬度	220HBW
	加工前热处理状态	淬火，回火
使用刀具	名称	方肩铣刀（可转位类型）
	切削刃的材料	硬质合金涂层（HC844）
	型号（制造企业）	SE90-4050（φ50）（日立刀具）
	刀具夹持方法	弹簧夹头（φ32mm）
切削条件	切削速度/(m/min)	150
	转速/(r/min)	955
	进给速度/(mm/min)	430
	切削深度/mm	6~8
	切削液（名称）	干式切削
使用机床	名称	立式加工中心
	型号（制造企业）	VK65（日立精机）
	机床输出功率/kW	11
	数控装置（轴数）	SEICOS（3）

要求精度			
圆度		平面度	
直线度		垂直度	
圆柱度			
平行度		已加工表面粗糙度	

与传统的同类型刀具相比，这种铣刀大前角切削刃的形状设计降低了切削阻力，并具备优异的切屑处理性能，其特点是即使加工8mm深的槽，也不会出现因切屑导致的故障。

（资料：日立刀具·大阪工厂）

加工材料	工件名称	试件
	工件材料	S50C
	硬度	220HBW
	加工前热处理状态	淬火，回火
使用刀具	名称	可转位球头立铣刀（φ25）
	切削刃的材料	硬质合金涂层（HC844）
	型号（制造企业）	BCF2525S32S（日立刀具）
	刀具夹持方法	弹簧夹头（φ32）
切削条件	切削速度/(m/min)	150
	转速/(r/min)	1910
	进给速度/(mm/min)	380
	切削深度/mm	间距4
	切削液（名称）	干式切削
使用机床	名称	立式加工中心
	型号（制造企业）	VK65（日立精机）
	机床输出功率/kW	11
	数控装置（轴数）	SEICOS（3）

要求精度	圆度		平面度	
	直线度		垂直度	
	圆柱度			
	平行度		已加工表面粗糙度	

通过对刀片切削刃采用双键夹紧方式，使其即使在高速、高进给条件下进行型腔加工（螺旋式），也不会发生夹紧事故或振动，十分稳妥。

（资料：日立刀具·成田工厂）

加工材料	工件名称	塑料模具
	工件材料	SCM445
	硬度	230HBW
	加工前热处理状态	淬火，回火
使用刀具	名称	可转位球头立铣刀
	切削刃的材料	硬质合金涂层（HC844）
	型号（制造企业）	BCF2539S32L（日立刀具）
	刀具夹持方法	弹簧夹头（φ32）
切削条件	切削速度/(m/min)	157
	转速/(r/min)	2000
	进给速度/(mm/min)	500
	切削深度/mm	10
	切削液（名称）	干式切削
使用机床	名称	立式加工中心
	型号（制造企业）	VS5A（三井精机工业）
	机床输出功率/kW	11
	数控装置（轴数）	FANUC 15MA（4）

要求精度	圆度		平面度	
	直线度		垂直度	
	圆柱度			
	平行度		已加工表面粗糙度	

使用传统刀具时，在加工过程中可转位刀片会发生移位，影响加工精度。使用"α球头立铣刀"时，通过双键夹紧方式牢固地夹紧刀片，从而保证了稳定的加工精度，不会出现刀片移位的情况。

（资料：日立刀具·成田工厂）

端面铣削加工

加工材料	工件名称	放电加工用电极	加工零部件的形状与尺寸		
	工件材料	石墨 ED-3			
	硬度	65HS			
	加工前热处理状态	抛光			
使用刀具	名称	4刃可转位立铣刀（ϕ10）			
	切削刃的材料	金刚石电镀高速钢			
	型号（制造企业）	4LC+金刚石电镀（神户制钢所）			
	刀具夹持方法	立铣刀夹头，悬伸长50mm			
切削条件	切削速度/(m/min)	346			
	转速/(r/min)	11000			
	进给速度/(mm/min)	2200（0.22mm/r）			
	切削深度/mm	轴向10，径向1			
	切削液（名称）	干式切削，鼓风			
使用机床	名称	石墨电极加工机	要求精度	圆度	平面度
	型号（制造企业）	SNC86（牧野铣削制作所）		直线度	垂直度
	机床输出功率/kW	3.7		圆柱度	
	数控装置（轴数）			平行度	已加工表面粗糙度

　　石墨的切削阻力较小，但石墨晶粒较硬，容易使刀具产生磨损，因此目前一般采用高速钢（HSS）和硬质合金立铣刀对其进行加工。但是，刀具的周向磨损较大，立铣刀的尺寸变化（直径减小）一直是个问题。

　　在本例中，使用标准的高速钢立铣刀（4LC）和电镀金刚石的方形立铣刀加工基体材料。

　　总切削长度为250m，寿命较此前两种硬质合金立铣刀（带气孔）长了3～5倍。

（资料：神户制钢所）

加工材料	工件名称	放电加工用电极	加工零部件的形状与尺寸		
	工件材料	石墨 ED-3			
	硬度	65HS			
	加工前热处理状态	抛光			
使用刀具	名称	4刃球头立铣刀（$R8$）			
	切削刃的材料	金刚石电镀高速钢			
	型号（制造企业）	K-4MB+金刚石电镀（神户制钢所）			
	刀具夹持方法	立铣刀夹头，悬伸长50mm			
切削条件	切削速度/(m/min)	400			
	转速/(r/min)	8000			
	进给速度/(mm/min)	2000（0.25mm/r）			
	切削深度/mm	轴向20，径向16			
	切削液（名称）	干式切削，鼓风			
使用机床	名称	石墨电极加工机	要求精度	圆度	平面度
	型号（制造企业）	SNC86（牧野铣削制作所）		直线度	垂直度
	机床输出功率/kW	3.7		圆柱度	
	数控装置（轴数）			平行度	已加工表面粗糙度

　　这是使用电镀金刚石球头铣刀进行加工的例子。工件为汽车大灯的模具，刀具寿命是带气孔的硬质合金球头立铣刀的2.5倍。

　　由于金刚石硬度高，耐磨性极高，因此，在标准高速钢立铣刀上电镀金刚石磨粒对提高刀具在石墨加工中的刀具寿命有很大作用。

　　金刚石电镀高速钢立铣刀比硬质合金立铣刀价格低，刀具寿命长，具有可实现长期无人操作，并且经济效益好的特点。

（资料：神户制钢所）

加工材料	工件名称	外壳
	工件材料	SS41
	硬度	120HBW
	加工前热处理状态	淬火
使用刀具	名称	可转位钻头
	切削刃的材料	硬质合金（相当于P30）
	型号（制造企业）	R416.1-0550-205（山特维克）
	刀具夹持方法	对夹式连接器
切削条件	切削速度/(m/min)	112
	转速/(r/min)	650
	进给速度/(mm/min)	60
	切削深度/mm	
	切削液(名称)	水溶性（simucool400）
使用机床	名称	龙门铣床
	型号（制造企业）	（东芝机械）
	机床输出功率/kW	90
	数控装置（轴数）	

加工零部件的形状与尺寸：φ55

要求精度	圆度		平面度	
	直线度		垂直度	
	圆柱度	0～+0.3mm		
	平行度		已加工表面粗糙度	25S

由于SS41材料的切屑容易缠绕在连接工具上，因此设计切削条件时应保证切屑不会粘在刀具上，且可以一次完成加工。但是，每隔0.5mm就需要分步进给。

（资料：东芝·京滨事业所）

加工材料	工件名称	外壳
	工件材料	SNCM（1.25Cr-Mo-V钢）
	硬度	250HBW
	加工前热处理状态	
使用刀具	名称	实心喷吸钻
	切削刃的材料	硬质合金（相当于P30）
	型号（制造企业）	424.9（山特维克）
	刀具夹持方法	BTA方式
切削条件	切削速度/(m/min)	55
	转速/(r/min)	220
	进给速度/(mm/min)	60
	切削深度/mm	
	切削液(名称)	非水溶性（Space cut）
使用机床	名称	开孔专用机
	型号（制造企业）	专用机（本公司制）
	机床输出功率/kW	45
	数控装置（轴数）	

加工零部件的形状与尺寸：φ82 通孔

要求精度	圆度		平面度	
	直线度		垂直度	
	圆柱度			
	平行度		已加工表面粗糙度	25S

（资料：东芝·京滨事业所）

钻孔加工

加工材料	工件名称	试件
	工件材料	SS41
	硬度	
	加工前热处理状态	
使用刀具	名称	带油孔的实心钻头（φ10）
	切削刃的材料	硬质合金 TiN 涂层（PK56）
	型号（制造企业）	DSC100L（东芝泰珂洛）
	刀具夹持方法	弹簧套筒夹头
切削条件	切削速度/(m/min)	120
	转速/(r/min)	3820
	进给速度/(mm/min)	1146
	切削深度/mm	60（孔深）
	切削液（名称）	水溶性（乳剂）
使用机床	名称	立式加工中心
	型号（制造企业）	VMC-55（东芝机械）
	机床输出功率/kW	15
	数控装置（轴数）	三重7（3）

加工零部件的形状与尺寸：180, 64, 260, φ10

要求精度		
圆度		平面度
直线度		垂直度
圆柱度		
平行度		已加工表面粗糙度

硬质合金实心钻头上设有螺旋形油孔，加工效率比焊接钻头或无油孔钻头高2倍以上。

另一个特点是，由于油孔为螺旋形，因此在重新研磨刀具后，油孔的位置也不会改变。

（资料：东芝泰珂洛）

加工材料	工件名称	试件
	工件材料	S50C
	硬度	200HBW
	加工前热处理状态	淬火，回火
使用刀具	名称	可转位钻头（φ14）
	切削刃的材料	硬质合金 TiC 涂层（T553）
	型号（制造企业）	TDJ-140（东芝泰珂洛）
	刀具夹持方法	侧锁式，内部供油架
切削条件	切削速度/(m/min)	150
	转速/(r/min)	3410
	进给速度/(mm/min)	341
	切削深度/mm	28（孔深）
	切削液（名称）	水溶性（乳剂）
使用机床	名称	立式加工中心
	型号（制造企业）	VMC-6（东芝机械）
	机床输出功率/kW	15
	数控装置（轴数）	TOSNUC（3）

加工零部件的形状与尺寸：180, 65, 250, φ14

要求精度		
圆度		平面度
直线度		垂直度
圆柱度		
平行度		已加工表面粗糙度

这是使用可转位钻头刀片的例子，与使用传统焊接钻头进行的加工相比可大幅降低加工成本。

加工效率可与焊接钻头相媲美，而且不需要重新研磨的人力和设备。此外，通过使用涂层刀片可提高刀具寿命。

（资料：东芝泰珂洛）

加工材料	工件名称	试件
	工件材料	SUS304
	硬度	
	加工前热处理状态	
使用刀具	名称	低碳钢·不锈钢用钻头（φ26mm）
	切削刃的材料	硬质合金铝涂层（T313W）
	型号（制造企业）	TDW-260（东芝泰珂洛）
	刀具夹持方法	侧锁式支架（内部供油）
切削条件	切削速度/(m/min)	150
	转速/(r/min)	1848
	进给速度/(mm/min)	147
	切削深度/mm	40
	切削液（名称）	水溶性（乳剂）
使用机床	名称	立式加工中心
	型号（制造企业）	VMC-55（东芝机械）
	机床输出功率/kW	15
	数控装置（轴数）	TOSNUC（3）

加工零部件的形状与尺寸：通孔

要求精度	圆度		平面度	
	直线度		垂直度	
	圆柱度			
	平行度		已加工表面粗糙度	

这是使用涂层钻头的例子，在不锈钢和低碳钢上钻孔时，容易出现切屑缠绕问题，针对这些材料的开孔，该钻头上设有专用断屑槽。在150m/min左右的切削速度下，获得了良好的加工效果。

（资料：东芝泰珂洛）

加工材料	工件名称	试件
	工件材料	FC30
	硬度	
	加工前热处理状态	
使用刀具	名称	实心钻头（φ9mm）
	切削刃的材料	硬质合金（ClF=K10）
	型号（制造企业）	FDC0900L（东芝泰珂洛）
	刀具夹持方法	弹簧夹头
切削条件	切削速度/(m/min)	90
	转速/(r/min)	3183
	进给速度/(mm/min)	955
	切削深度/mm	72
	切削液（名称）	水溶性（乳剂）
使用机床	名称	立式加工中心
	型号（制造企业）	VMC-6（东芝机械）
	机床输出功率/kW	15
	数控装置（轴数）	TOSNUC（3）

加工零部件的形状与尺寸：通孔

要求精度	圆度		平面度	
	直线度		垂直度	
	圆柱度			
	平行度		已加工表面粗糙度	

这是在没有分步进给的情况下，加工8倍于刀具直径的孔（72mm）的例子。由于钻头有油孔，因此切削液直接供给刀具的切削刃，与传统钻头相比，实现了高速、高进给率的加工。

（资料：东芝泰珂洛）

钻孔加工

加工材料	工件名称	试件
	工件材料	S45C
	硬度	200HBW
	加工前热处理状态	淬火，回火
使用刀具	名称	钢用钻头（φ10mm）
	切削刃的材料	金属陶瓷（NS540）
	型号（制造企业）	SFS1000-C（东芝泰珂洛）
	刀具夹持方法	弹簧套筒夹头
切削条件	切削速度/(m/min)	140
	转速/(r/min)	4456
	进给速度/(mm/min)	891
	切削深度/mm	30（孔深）
	切削液（名称）	水溶性（乳剂）
使用机床	名称	立式加工中心
	型号（制造企业）	Vertmatic-C（碌碌产业）
	机床输出功率/kW	11
	数控装置（轴数）	FANUC（3）

加工零部件的形状与尺寸：180、65、250、φ10

要求精度：圆度、平面度、直线度、垂直度、圆柱度、平行度、已加工表面粗糙度

在外部供油进行加工的情况下，硬质合金涂层钻头在切削速度为140m/min时，切屑被拉长，而金属陶瓷钻头的切屑处理性良好，且刀具寿命为20m/（重新磨削）。

此外，与涂层钻头不同的是，即使在重新磨削后不进行涂层处理，也可获得与新钻头相同的性能。

（资料：东芝泰珂洛）

加工材料	工件名称	试件
	工件材料	S50C
	硬度	190HBW
	加工前热处理状态	淬火，回火
使用刀具	名称	深孔用可转位钻头（φ31mm）
	切削刃的材料	硬质合金TiC涂层（T553）
	型号（制造企业）	TDW-310SP（东芝泰珂洛）
	刀具夹持方法	侧锁式支架（内部供油）
切削条件	切削速度/(m/min)	100
	转速/(r/min)	1027
	进给速度/(mm/min)	144
	切削深度/mm	93（孔深）
	切削液（名称）	水溶性（乳剂）
使用机床	名称	立式加工中心
	型号（制造企业）	VMC-55（东芝机械）
	机床输出功率/kW	15
	数控装置（轴数）	三重7（3）

加工零部件的形状与尺寸：62、260、φ31、180

要求精度：圆度、平面度、直线度、垂直度、圆柱度、平行度、已加工表面粗糙度

这是使用可转位钻头加工深孔的例子，该钻头可稳定地加工3倍于刀具直径的孔。由于断屑槽具角度很大，因此排屑也很顺畅。

（资料：东芝泰珂洛）

加工材料	工件名称	试件
	工件材料	S55C
	硬度	230HBW
	加工前热处理状态	
使用刀具	名称	枪钻（φ6mm）
	切削刃的材料	硬质合金（G2F = K 类）
	型号（制造企业）	加工中心用枪钻（东芝泰珂洛）
	刀具夹持方法	侧锁式支架（内部供油）
切削条件	切削速度/(m/min)	60
	转速/(r/min)	3183
	进给速度/(mm/min)	127
	切削深度/mm	100
	切削液（名称）	水溶性（乳剂）
使用机床	名称	立式加工中心
	型号（制造企业）	Vertmatic – C（碌碌产业）
	机床输出功率/kW	11
	数控装置（轴数）	FANUC（3）

加工零部件的形状与尺寸：150 × 100 × 200，φ6，通孔

要求精度	圆度		平面度	
	直线度		垂直度	
	圆柱度			
	平行度		已加工表面粗糙度	

这是利用加工中心实现以前需要专用机器进行枪钻加工的例子。

通过在枪钻加工前预先开导孔，代替导套，从而实现深度为刀具直径20倍左右的深孔加工。

刀具采用的是 SF 断屑槽，其切屑处理性能良好，因此即使切削液压为10气压左右也能够适用。

（资料：东芝泰珂洛）

加工材料	工件名称	试件
	工件材料	SUS304L
	硬度	
	加工前热处理状态	
使用刀具	名称	带有孔的螺旋式钻头
	切削刃的材料	硬质合金 Ti 化合物涂层（复合钻孔 H = P30）
	型号（制造企业）	MDS050LH（住友电气工业）
	刀具夹持方法	弹簧套筒夹头
切削条件	切削速度/(m/min)	70
	转速/(r/min)	4456
	进给速度/(mm/min)	624（0.14mm/r）
	切削深度/mm	18
	切削液（名称）	水溶性（HDE80）
使用机床	名称	立式加工中心
	型号（制造企业）	FV45（丰田工机）
	机床输出功率/kW	5.5
	数控装置（轴数）	FANUC（3）

加工零部件的形状与尺寸：80 × 50，孔数6×10=10，$\phi 5^{+0.05}_{0}$，18

要求精度	圆度		平面度	
	直线度		垂直度	
	圆柱度			
	平行度		已加工表面粗糙度	

目的是为了在小径深孔加工中确保加工孔的精度，提高加工效率（1个孔的加工时间从1.5分钟降到20秒以下），并且提高刀具寿命至现在的30孔/（重新磨削）以上。

使用硬质合金螺旋式钻头代替传统的高速钢钻头 + 铰刀，由于其供油方式是内部供油，转速也有提升，因此抑制了对刀尖的熔敷，可以稳定地加工360个孔（最高1325个孔）。

（资料：住友电气工业）

加工材料	工件名称	压缩机	加工零部件的形状与尺寸	加工的目的是为了实现刀具寿命延长和得到稳定的孔尺寸。使用硬质合金（K10）钻头钻孔超过2000个之后，就无法满足孔径公差H7要求，通过使用DA150可以加工3万个，是硬质合金刀具的15倍，获得了极高的刀具寿命。 （资料：住友电气工业）
	工件材料	A390		
	硬度			
	加工前热处理状态			
使用刀具	名称	可转位钻头		
	切削刃的材料	烧结金刚石（DA150）		
	型号（制造企业）	DAL0500I（住友电气工业）		
	刀具夹持方法	弹簧夹头		
切削条件	切削速度/(m/min)	100		
	转速/(r/min)	6370		
	进给速度/(mm/min)	637		
	切削深度/mm	6.6		
	切削液（名称）	水溶性（乳剂）		
使用机床		加工中心（丰田工机）		

加工材料	工件名称	试件	加工零部件的形状与尺寸	这是机床展会中的加工示例。目的是对钢材进行高速开孔，刀具为硬质合金类型，具有特殊的R刃形，槽底径宽、刚度高。孔的位置精度、尺寸精度高，可以省略中心孔的加工工序。由此，实现更加高效的高精度加工。 （资料：欧士机销售）
	工件材料	S50C		
	硬度			
	加工前热处理状态			
使用刀具	名称	实心钻头（φ10）		
	切削刃的材料	硬质合金		
	型号（制造企业）	S-GDN（欧士机）		
	刀具夹持方法	铣削卡盘		
切削条件	切削速度/(m/min)	60		
	转速/(r/min)	1990		
	进给速度/(mm/min)	475（0.25mm/r）		
	切削深度/mm	20		
	切削液（名称）	水溶性		
使用机床		立式加工中心（7.5）		

加工材料	工件名称	薄板玻璃镜	加工零部件的形状与尺寸	在玻璃的开孔加工中，使用硬质合金钻头或电镀空心钻等，但在加工效率和加工品质（钻头退出时的贝壳状断口、孔加工表面的裂纹、损坏等）方面无法满足要求。因此，使用带有进水孔的钻头（金刚钻）对玻璃进行开孔，其钻头形状独特，由金属结合剂烧结金刚石磨料而成。加工品质良好，加工时间为5~6s，效率很高。 （资料：不二越）
	工件材料	玻璃		
	硬度			
	加工前热处理状态			
使用刀具	名称	带供水孔的钻头（φ6.3mm）		
	切削刃的材料	烧结金刚石		
	型号（制造企业）	（不二越）		
	刀具夹持方法	D-钻头支架		
切削条件	切削速度/(m/min)	7		
	转速/(r/min)	3500		
	进给速度/(mm/min)	主轴定压进给（30kgf）		
	切削深度/mm	4.5		
	切削液（名称）	水溶性		
使用机床		玻璃开孔专用机（不二越）		

质量要求：钻头拔出时无缺损；孔加工表面无裂纹、损坏等

加工材料	工件名称	试件
	工件材料	4Y32-T6（12％Si 铝合金）
	硬度	
	加工前热处理状态	淬火，回火
使用刀具	名称	可转位钻头（φ8.6mm）
	切削刃的材料	硬质合金铂金涂层（P20）
	型号（制造企业）	（不二越）
	刀具夹持方法	SS卡盘（锥形夹头形式）
切削条件	切削速度/(m/min)	70
	转速/(r/min)	2600
	进给速度/(mm/min)	650
	切削深度/mm	25
	切削液（名称）	水溶性（DAPHNE millcoolAL）
使用机床	名称	立式加工中心
	型号（制造企业）	NFV-3（不二越）
	机床输出功率/kW	3.7/5.5
	数控装置（轴数）	NUCLEUS-NACHI（3）

加工零部件的形状与尺寸：φ120，6～M10×1.5（导孔），25

要求精度	圆度		平面度	
	直线度		垂直度	
	圆柱度			
	平行度		已加工表面粗糙度	

这是机床展会上的一个加工示例。带有铂金涂层的硬质合金钻头，在铝合金、S45C（HB150~180）等材料上进行钻孔。

在切削速度 60m/min、进给速度 560mm/min 的条件下，铂金涂层的开孔数约为 4500 个，一般双层涂层的开孔数约为 1000 个，而氮化铝涂层的开孔数约为 1500 个，刀具寿命得到大幅提高。

（资料：不二越）

加工材料	工件名称	喷嘴
	工件材料	SUS316
	硬度	
	加工前热处理状态	
使用刀具	名称	枪钻（φ2.9mm×l100mm）
	切削刃的材料	硬质合金（焊接）
	型号（制造企业）	（米勒刀具）
	刀具夹持方法	铣削卡盘
切削条件	切削速度/(m/min)	64
	转速/(r/min)	7000
	进给速度/(mm/min)	42
	切削深度/mm	14
	切削液（名称）	非水溶性（suncutES-80）
使用机床	名称	卧式加工中心
	型号（制造企业）	MC86-A60（牧野铣削制作所）
	机床输出功率/kW	15/185
	数控装置（轴数）	FANUC-15MF（4）

加工零部件的形状与尺寸：φ2.9钻孔深度14-138个，φ80，4，15

要求精度	圆度		平面度	
	直线度		垂直度	
	圆柱度			
	平行度		已加工表面粗糙度	

这是使用主轴贯通装置（70kg/cm²）对不锈钢材料（SUS316）进行深孔加工的示例。

刀具为硬质合金焊接枪钻，加工时没有遇到任何问题。在本次试验中，$L/D≈5$，因此若是仅对加工效率进行比较，则带孔的深孔用麻花钻要优于枪钻，但枪钻可以处理的范围能达到 $L/D=50$，这是麻花钻无法做到的。

（资料：牧野铣削制作所）

钻孔加工

加工材料	工件名称	机器零件
	工件材料	铬镍铁合金 625
	硬度	
	加工前热处理状态	
使用刀具	名称	钻头（φ20）
	切削刃的材料	TiN 涂层钻高速钢
	型号（制造企业）	G–WTS（神户制钢所）
	刀具夹持方法	
切削条件	切削速度/(m/min)	3.5
	转速/(r/min)	55
	进给速度/(mm/min)	5.5（0.1mm/r）
	切削深度/mm	60（5mm 阶梯）
	切削液（名称）	非水溶性
使用机床	名称	生产铣床
	型号（制造企业）	4UM（新潟铁工所）
	机床输出功率/kW	18.5
	数控装置（轴数）	

加工零部件的形状与尺寸：φ20，6-φ20 深度60，60

要求精度：圆度、直线度、圆柱度、平行度、平面度、垂直度、已加工表面粗糙度

铬镍铁合金是一种耐热合金，含有大量的镍（Ni），是一种有黏性且易焊接的材料。此外，由于其导热系数低，高温强度高，因此当加工过程很难冷却时，比如钻孔，尤其被认为是一种难切削的材料。

TiN 涂层无阶梯钻头的特点是钻芯厚实、刚度强，沟槽形状适合深孔加工，并且冷却性能好。

为抑制发热，将切削速度设为 3.5m/min，进给量设为 0.1mm/r，可以对标准钻头无法加工的铬镍铁合金 625 加工 5 个孔（总切削长度 300mm）。

（资料：神户制钢所）

铰孔加工

加工材料	工件名称	缸体
	工件材料	FC20
	硬度	
	加工前热处理状态	
使用刀具	名称	研磨铰刀
	切削刃的材料	CBN
	型号（制造企业）	（竹泽精机）
	刀具夹持方法	有孔支架
切削条件	切削速度/(m/min)	80
	转速/(r/min)	570
	进给速度/(mm/min)	114
	切削深度/mm	0.005
	切削液（名称）	非水溶性（日石 UNI CUTG20）
使用机床	名称	卧式加工中心
	型号（制造企业）	HN50B（新潟铁工所）
	机床输出功率/kW	15
	数控装置（轴数）	FANUC F11M（3）

要求精度：圆度 0.003mm；直线度；圆柱度 0.003mm；平行度；平面度；垂直度；已加工表面粗糙度 1.5S

以前是进行镗磨加工，但通过使用研磨铰刀，可以在加工中心进行加工。加工工序包括：①粗加工：镗削；②半精加工：粗加工用研磨铰刀；③精加工：精加工研磨铰刀。

证实了圆度和圆柱度公差均为 0~0.002mm，表面粗糙度为 1.3S。

（资料：新潟铁工所）

加工材料	工件名称	试件		
	工件材料	S45C		
	硬度	200HBW		
	加工前热处理状态			
使用刀具	名称	同步丝锥（M42×P4.5）		
	切削刃的材料	高速钢涂层		
	型号（制造企业）	HS-RFT（欧士机）		
	刀具夹持方法	铣削卡盘		
切削条件	切削速度/(m/min)	20		
	转速/(r/min)	152		
	进给速度/(mm/min)	684		
	切削深度/mm			
	切削液（名称）	水溶性（HiChiP EX-321）		
使用机床	名称	卧式加工中心		
	型号（制造企业）	MC-600H（大隈）		
	机床输出功率/kW	22/15（30分/连续）		
	数控装置（轴数）	OSP5020M（3）		
要求精度	圆度		平面度	
	直线度		垂直度	
	圆柱度			
	平行度		已加工表面粗糙度	

加工的目的是能够安全、放心地进行更广泛的攻螺纹加工。

在进行大直径攻螺纹加工时，为了获得合适的切削速度和足够的转矩，必须低速加工。另外，一旦出现切屑被夹住等故障，可能会导致丝锥断裂，严重时还可能会影响机器的运行，因此配备了低速范围内的功能，并增加了暂停和转矩监控功能，实现用同步丝锥对大直径螺钉的加工。并且还得到了简化模具的效果。

在M42×P4.5的大直径同步攻螺纹加工中，主轴承担的负荷约为40%，而且螺纹形状良好。

（资料：大隈）

加工材料	工件名称	试件		
	工件材料	AC4C-F（铝合金）		
	硬度			
	加工前热处理状态			
使用刀具	名称	行星丝锥		
	切削刃的材料	钴高速钢		
	型号（制造企业）	PNGT 12×20RC14（欧士机）		
	刀具夹持方法	铣削卡盘		
切削条件	切削速度/(m/min)	70		
	转速/(r/min)	1880		
	进给速度/(mm/Z)	0.09		
	切削深度/mm			
	切削液（名称）	水溶性（乳剂）		
使用机床	名称	卧式加工中心		
	型号（制造企业）			
	机床输出功率/kW	11		
	数控装置（轴数）			
要求精度	圆度		平面度	
	直线度		垂直度	
	圆柱度			
	平行度		已加工表面粗糙度	

这是铝合金管用锥形螺钉加工的例子，使用加工中心行星丝锥的3轴同时控制功能加工内螺纹。

消除了传统攻螺纹加工中无法避免的螺纹终止线，提高了内螺纹的圆度和密封性。

（资料：欧士机销售）

加工材料	工件名称	托架
	工件材料	ADC12（铝压铸件）
	硬度	
	加工前热处理状态	
使用刀具	名称	钻孔刀具
	切削刃的材料	硬质合金（K类）
	型号（制造企业）	精加工钻孔刀具（玛帕）
	刀具夹持方法	ABS40 适配器
切削条件	切削速度/(m/min)	170
	转速/(r/min)	3000
	进给速度/(mm/min)	300
	切削深度/mm	0.5
	切削液（名称）	非水溶性（SARUKURATOY90）
使用机床	名称	卧式加工中心
	型号（制造企业）	A55（牧野铣削制作所）
	机床输出功率/kW	22/18.5
	数控装置（轴数）	FANUC（4）
要求精度	圆度	9μm
	直线度	
	圆柱度	
	平行度	
	平面度	
	垂直度	50μm
	已加工表面粗糙度	R_z6.3μm

通过使用复合刀具，缩短了加工时间和换刀时间。

以前，加工工艺包括对 ϕ26mm 外部的平面磨削，ϕ18mm 钻孔（粗加工），20°倒角，ϕ18mm 孔钻削（精加工），改良后通过采用复合刀具，可以用1把刀具加工全部工序。

作为加工条件，钻孔精加工时的主轴转速从 2200r/min 提高 3000r/min。此外，圆度公差从 3μm 提高到 0.8μm，表面粗糙度由 R_{max}3μm 提高到 R_{max}1μm。

并且，加工时间还缩短了22%，从63s/件缩短到49s/件。

（资料：牧野铣削制作所）

【改良前】
① ϕ50mm面铣刀 用于ϕ26平面切削
② ϕ17.8mm钻孔 用于粗加工
③ 20°CF立铣刀 用于20°倒角
④ ϕ18mm钻孔 用于精加工

【改良后】
① 用于ϕ18mm
② 用于20°倒角
③ 用于ϕ26mm平面铣削

刀尖部

镗削加工

加工材料	工件名称	夹具托盘
	工件材料	S45C
	硬度	255HBW
	加工前热处理状态	淬火，回火
使用刀具	名称	微型镗刀
	切削刃的材料	涂层（LP030）
	型号（制造企业）	BT40－BCA29－165（关东工机）
	刀具夹持方法	锥形座垫
切削条件	切削速度/(m/min)	200
	转速/(r/min)	1800
	进给速度/(mm/min)	110
	切削深度/mm	0.1
	切削液（名称）	水溶性（unisolble）
使用机床	名称	双柱式加工中心
	型号（制造企业）	OSV－811（大鸟机工）
	机床输出功率/kW	7.5/5.5
	数控装置（轴数）	FANUC 0M－C（3）

加工零部件的形状与尺寸：8～φ35，300，100，150，300，150，150

要求精度			
圆度	3μm	平面度	
直线度	5μm	垂直度	5μm
圆柱度	3μm	孔距	5μm
平行度	5μm	已加工表面粗糙度	3.2μm

圆度、直线度、圆柱度、垂直度以及各孔的平行度、孔距等都严格要求至微米范围内，且均已达成。

（资料：大鸟机工）

加工材料	工件名称	缸体外壳
	工件材料	相当于 SNCM439
	硬度	
	加工前热处理状态	退火
使用刀具	名称	硬质合金防震镗刀
	切削刃的材料	硬质合金（CNMP432 KC850）
	型号（制造企业）	B6436－1/MCLNR2525M12（神户肯纳）
	刀具夹持方法	特殊条块
切削条件	切削速度/(m/min)	220
	转速/(r/min)	400
	进给速度/(mm/r)	0.25
	切削深度/mm	2.0
	切削液（名称）	水溶性
使用机床	名称	水平式数控机床
	型号（制造企业）	（池贝）
	机床输出功率/kW	22.5
	数控装置（轴数）	

加工零部件的形状与尺寸：1070，φ176，φ114

要求精度			
圆度		平面度	
直线度		垂直度	
圆柱度			
平行度		已加工表面粗糙度	

以前，采用切削刃锋利的特制高速钢镗刀，以20m/min左右的低切削速度和0.1~0.2mm/r的低进给量进行加工。但是，用这种方法加工一件工件，大约需要一周时间。通过使用比钢的硬度更高的硬质合金棒，以及在刀尖内置减振器的"分隔物"，抑制了颤振，缩短了加工时间。

改良后，没有发生颤振，可以使用标准的硬质合金刀具，加工效率提高了20多倍。因此，可以大大降低每个工件的加工成本，而且不再像此前那样需要熟练的技术人员。

（资料：神户肯纳）

95

镗削加工

加工材料	工件名称	压粉机零件（杠杆）
	工件材料	SS41（焊接结构）
	硬度	
	加工前热处理状态	退火
使用刀具	名称	镗刀
	切削刃的材料	金属陶瓷（T12A）
	型号（制造企业）	刀片 TPGP080202EL（住友电气工业） 刀具 BIG KAISER（大昭和精机）
	刀具夹持方法	BT50 模块式
切削条件	切削速度/(m/min)	121
	转速/(r/min)	430
	进给速度/(mm/min)	43（0.1mm/Z）
	切削深度/mm	0.4
	切削液（名称）	干式切削·鼓风
使用机床	名称	卧式加工中心
	型号（制造企业）	KBT-10DX（仓敷机械）
	机床输出功率/kW	11/7.5
	数控装置（轴数）	FANUC 15M（4）

加工零部件的形状与尺寸：$284^{-0.1}_{-0.3}$，$\phi90$，$\phi90$

要求精度			
圆度	0.005mm	平面度	
直线度		垂直度	
圆柱度	0.005mm		
平行度		已加工表面粗糙度	6S▽▽▽

以前使用的是硬质合金（P10），但由于表面粗糙度和光泽度不满足要求，因此采用了金属陶瓷材料。金属陶瓷镗刀的切削速度一般为180m/min左右，但由于精加工表面质量等问题，最有效的切削速度为120m/min左右，因此选用了这种切削条件。

此外，由于钻孔总长度为284mm，属于深孔镗削加工，因此采用了鼓风排屑的切屑处理方法。

（资料：德山制作所）

加工材料	工件名称	机器零件
	工件材料	SCS1（不锈钢铸钢）
	硬度	
	加工前热处理状态	
使用刀具	名称	可转位镗刀
	切削刃的材料	硬质合金氧化铝涂层（T823）
	型号（制造企业）	TBS125C16（东芝泰珂洛）
	刀具夹持方法	螺钉紧固
切削条件	切削速度/(m/min)	157
	转速/(r/min)	
	进给速度/(mm/r)	0.5
	切削深度/mm	8
	切削液（名称）	干式切削
使用机床	名称	数控机床
	型号（制造企业）	ANC56（池贝）
	机床输出功率/kW	
	数控装置（轴数）	（2）

加工零部件的形状与尺寸：$\phi60$，200

要求精度			
圆度		平面度	
直线度		垂直度	
圆柱度			
平行度		已加工表面粗糙度	

这是使用可转位式的镗削加工用刀具的示例。

通过增大刀片的前角，使镗刀的径向前角在正方向上增大，可以减少切削。抗振性和圆度得到了改善。

（资料：东芝泰珂洛）

加工材料	工件名称	涡轮叶片	加工零部件的形状与尺寸			
	工件材料	SUH600（耐热合金钢）				
	硬度	320HBW				
	加工前热处理状态					
使用刀具	名称	切角刀（成形铣刀）				
	切削刃的材料	高速钢（SKH55）				
	型号（制造企业）	（信荣制作所）				
	刀具夹持方法					
切削条件	切削速度/(m/min)	30				
	转速/(r/min)	190				
	进给速度/(mm/min)	200				
	切削深度/mm	3				
	切削液（名称）	非水溶性（pantclapNY）				
使用机床	名称	旋转仿形铣床	要求精度	圆度		平面度	
	型号（制造企业）	ST-144（里奇）		直线度		垂直度	
	机床输出功率/kW	11		圆柱度			
	数控装置（轴数）			平行度		已加工表面粗糙度	

（资料：东芝·京滨事业所）

加工材料	工件名称	机器零件	加工零部件的形状与尺寸			
	工件材料	S25C				
	硬度	160HBW				
	加工前热处理状态	回火				
使用刀具	名称	螺纹车刀（成形铣刀）				
	切削刃的材料	金属陶瓷（N308）				
	型号（制造企业）	ETN7040R（东芝泰珂洛）				
	刀具夹持方法	铣削卡盘支架				
切削条件	切削速度/(m/min)	200				
	转速/(r/min)	1590				
	进给速度/(mm/min)	300				
	切削深度/mm					
	切削液（名称）	干式切削				
使用机床	名称	立式加工中心	要求精度	圆度	0.1mm	平面度	
	型号（制造企业）			直线度	50μm	垂直度	
	机床输出功率/kW	11		圆柱度			
	数控装置（轴数）	（3）		平行度		已加工表面粗糙度	▽▽

在大直径的螺纹切断加工中，采用螺纹车刀加工代替传统的螺纹加工方式，获得了以下改良：
- 大直径丝锥的切削阻力大，极端情况下机器可能会停机，但螺纹车刀的切削阻力小，因此不存在这个问题
- 用一件刀具可以进行各种螺纹加工
- 切屑处理简单
- 不需要带转矩限制的支架
- 适用于锥形螺钉

（资料：东芝泰珂洛）

旋压加工

加工材料	工件名称	试件
	工件材料	NAK55
	硬度	30HRC
	加工前热处理状态	
使用刀具	名称	成形车刀
	切削刃的材料	粉末高速钢
	型号（制造企业）	WKE45（山高刀具）
	刀具夹持方法	专用旋压刀架
切削条件	切削速度/(m/min)	
	转速/(r/min)	
	进给速度/(mm/min)	1000
	切削深度/mm	0.01/道次
	切削液（名称）	非水溶性（特殊切削）
使用机床	名称	精密数控铣床
	型号（制造企业）	BN5-85A6（牧野铣削制作所）
	机床输出功率/kW	5.5
	数控装置（轴数）	FANUC 0M（4）

加工零部件的形状与尺寸：刀具断面形状 50.0 15.0

要求精度	圆度		平面度	
	直线度		垂直度	
	圆柱度			
	平行度		已加工表面粗糙度	$R_{max}3\mu m$

　　旋压加工是一种类似于刨床加工的加工方式，它的特点是，通过移动安装在主轴上的成形刀具，同时控制角度，就能轻松地加工出用旋转刀具无法加工的形状。尤其是在橡胶模具行业中，这种加工方式更是受到欢迎。

　　加工时，在主轴中加入附件式装置，以提高工作效率和实现自动化。在本例中，主要测试了表面粗糙度。

其结果是，尽管加工宽度较宽，但仍获得了良好的表面粗糙度。形状精度和刀具的形状精度是一样的，因为直接复制了刀具的形状精度。切削深度为7mm，加工时间为6.8h。

（资料：牧野铣削制作所）

销式镜面铣刀加工

加工材料	工件名称	曲柄销
	工件材料	S48C
	硬度	250HBW
	加工前热处理状态	
使用刀具	名称	销式镜面铣刀
	切削刃的材料	CVD涂层（F620）
	型号（制造企业）	（三菱综合材料）
	刀具夹持方法	
切削条件	切削速度/(m/min)	130
	转速/(r/min)	230
	进给速度/(mm/Z)	0.1~0.4
	切削深度/mm	
	切削液（名称）	干式切削
使用机床	名称	曲柄销加工专用机
	型号（制造企业）	
	机床输出功率/kW	
	数控装置（轴数）	

加工零部件的形状与尺寸：销式镜面铣刀

要求精度	圆度		平面度	
	直线度		垂直度	
	圆柱度			
	平行度		已加工表面粗糙度	

　　以前的刀具寿命是500件/刃（传统的涂层刀具），而使用CVD涂层（F620）后可变成800件/刃。

（资料：三菱综合材料）

加工材料	工件名称	夹头
	工件材料	不锈钢（奥氏体系）
	硬度	
	加工前热处理状态	
使用刀具	名称	可转位槽铣刀
	切削刃的材料	硬质合金（R4 = M 类）
	型号（制造企业）	330.20 – 25 – AA（山特维克）
	刀具夹持方法	弹簧夹具
切削条件	切削速度/(m/min)	44
	转速/(r/min)	114
	进给速度/(mm/min)	120
	切削深度/mm	轴向2.5，径向17~6
	切削液（名称）	水溶性（乳剂）
使用机床		MC

加工零部件的形状与尺寸

以前使用的是高速钢制的切槽铣刀（槽铣刀），通过将其换为使用 Q 切方式的可转位车刀后，大大提高了生产效率。

使用高速钢车刀的切削时间为10.5h，但采用 Q 型车刀（宽度 2.5mm × ϕ125mm）后，切削时间缩短为1h，即原先的1/10。

（资料：山特维克）

加工材料	工件名称	试件
	工件材料	S50C
	硬度	
	加工前热处理状态	
使用刀具	名称	肋拱整形刀（倾斜角1°）
	切削刃的材料	超微粒子硬质合金
	型号（制造企业）	RB – SPD（欧士机）
	刀具夹持方法	铣削卡盘
切削条件	切削速度/(m/min)	主轴不旋转
	转速/(r/min)	0
	进给速度/(mm/min)	10000
	切削深度/mm	0.02/道次
	切削液（名称）	水溶性
使用机床（输出功率/kW）		立式加工中心（7.5）

目的是为了高效地加工肋拱锥槽。双刃型刀具（EX – Rib Shaper），专门用于加工狭长的肋拱锥槽，使用后可缩短加工时间，提高已加工表面质量。

由于刀具不旋转，因此在进给方向形成高刚度形状，并实现高进给加工。此外，该刀具还具有许多优点，如可以加工不对称的沟槽等。

（资料：欧士机销售）

加工材料	工件名称	试件
	工件材料	NAK80（预硬钢）
	硬度	40HRC
	加工前热处理状态	
使用刀具	名称	肋拱整形刀（倾斜角2°）
	切削刃的材料	超微粒子硬质合金
	型号（制造企业）	RB – SPD（欧士机）
	刀具夹持方法	铣削卡盘
切削条件	切削速度/(m/min)	主轴不旋转
	转速/(r/min)	0
	进给速度/(mm/min)	3600
	切削深度/mm	0.02mm/道次，最终切削深度8
	切削液（名称）	非水溶性
使用机床		数控铣床

这是使用单刃型 EX – Rib Shaper 对 NAK80（预硬钢）进行深槽加工的例子。与深肋拱槽用锥形铣刀相比，可以进行近2倍进给速度的高速加工。由于 NAK 材料和铝材的组织均匀稳定，因此进给速度可以比组织不稳定的 SCM440 更快，加工表面的倾角误差为2′，已加工表面质量良好，表面粗糙度为 R_{max} 0.7 μm，可实现高效加工。

（资料：欧士机销售）

<table>
<tr><td rowspan="4">加工材料</td><td>工件名称</td><td>阀门本体</td></tr>
<tr><td>工件材料</td><td>FCD60</td></tr>
<tr><td>硬度</td><td>55HRC</td></tr>
<tr><td>加工前热处理状态</td><td></td></tr>
<tr><td rowspan="4">使用刀具</td><td>名称</td><td>DABB（Diamond Aoressive Boring Bar）</td></tr>
<tr><td>切削刃的材料</td><td>金刚石电镀砂轮</td></tr>
<tr><td>型号（制造企业）</td><td>（早坂工机）</td></tr>
<tr><td>刀具夹持方法</td><td>浮动卡盘</td></tr>
<tr><td rowspan="5">切削条件</td><td>切削速度/(m/min)</td><td>25</td></tr>
<tr><td>转速/(r/min)</td><td>325</td></tr>
<tr><td>进给速度/(mm/min)</td><td>40</td></tr>
<tr><td>切削深度/mm</td><td>0.0075</td></tr>
<tr><td>切削液（名称）</td><td>水溶性（Blaser7804，15倍稀释）</td></tr>
<tr><td rowspan="4">使用机床</td><td>名称</td><td>卧式加工中心</td></tr>
<tr><td>型号（制造企业）</td><td>MC65-A40（牧野铣削制作所）</td></tr>
<tr><td>机床输出功率/kW</td><td>15/18.5</td></tr>
<tr><td>数控装置（轴数）</td><td>FANUC（4）</td></tr>
<tr><td rowspan="7">要求精度</td><td>圆度</td><td>2μm</td></tr>
<tr><td>直线度</td><td></td></tr>
<tr><td>圆柱度</td><td>10μm</td></tr>
<tr><td>平行度</td><td></td></tr>
<tr><td>平面度</td><td></td></tr>
<tr><td>垂直度</td><td>50μm</td></tr>
<tr><td>已加工表面粗糙度</td><td>Ra0.5μm</td></tr>
</table>

可以使用加工中心进行内径镗磨加工。稳定地获得圆度1μm、表面粗糙度 Ra0.4μm 的工件。通过在刀架上使用浮动卡盘，可以简单地对导孔进行定心，对间隙进行精细加工。

传统的镗磨工艺是通过专用机床进行的，但有了这种刀具，粗加工和精加工可以在一次设置中完成。

此外，通过使用浮动卡盘，也无须担心卧式加工中心上刀具的移位。

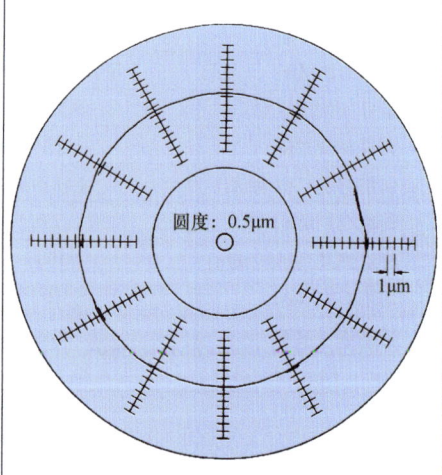

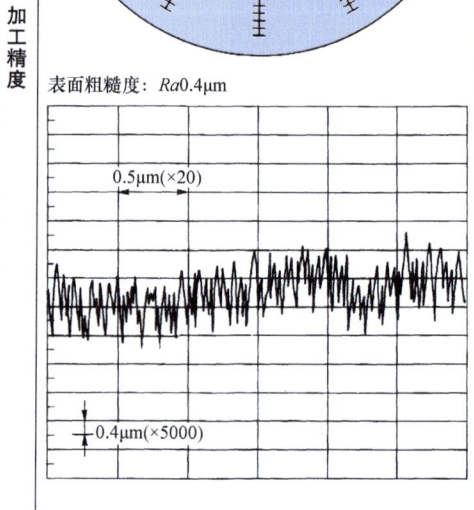

加工零部件的形状与尺寸

导孔直径：φ24.970（前锋铰丝加工）

	精加工	精加工
研磨颗粒型号	#170	#240
目标直径/mm	φ24.985	φ25.000
进给指令	切削进给、快进转回	往返切削进给

加工精度

圆度：0.5μm

表面粗糙度：Ra0.4μm

加工材料	工件名称	气缸盖铸型
	工件材料	苯乙烯泡沫塑料
	硬度	
	加工前热处理状态	
使用刀具	名称	砂轮
	切削刃的材料	普通 WA
	型号（制造企业）	
	刀具夹持方法	卡盘支架
切削条件	切削速度/（m/min）	750
	转速/（r/min）	6000
	进给速度/（mm/min）	1000
	切削深度/mm	3~5
	切削液（名称）	干式切削
使用机床	名称	立式加工中心
	型号（制造企业）	VN400（新潟铁工所）
	机床输出功率/kW	11
	数控装置（轴数）	MELDAS M0（3）

要求精度			
圆度		平面度	
直线度		垂直度	
圆柱度			
平行度		已加工表面粗糙度	▽▽

为确定最适合加工苯乙烯泡沫塑料的刀具，特使用立式加工中心进行试验，最终决定使用光洁美观、无毛刺的普通 WA 砂轮。

此外，试着用木工刀具（大前角）和标准棒等作为试验工具，但发现苯乙烯泡沫颗粒脱落，出现毛刺等。而使用普通 WA 砂轮的情况下，切屑会变成颗粒状，因此需要使用集尘器。

（资料：新潟铁工所）

加工材料	工件名称	十字滑块联轴器
	工件材料	FCD45
	硬度	
	加工前热处理状态	
使用刀具	名称	杯形砂轮
	切削刃的材料	CBN
	型号（制造企业）	CB-170-N-75-V-5（小仓珠宝）
	刀具夹持方法	铣削心轴
切削条件	切削速度/（m/min）	900
	转速/（r/min）	2250
	进给速度/（mm/min）	300
	切削深度/mm	0.01
	切削液（名称）	水溶性（江森 JS-631）
使用机床	名称	立式磨削中心
	型号（制造企业）	VN400-GC（新潟铁工所）
	机床输出功率/kW	11
	数控装置（轴数）	FANUC P11M（3）

要求精度			
圆度		平面度	
直线度		垂直度	
圆柱度			
平行度	0.01m	已加工表面粗糙度	6.3S

目的是通过使用具有磨削规格的可进行磨削的加工中心，在相同条件下进行铣削加工、磨削加工，从而缩短加工时间，节省设备。

表面粗糙度在 2~3S 范围内，通过将铣削加工过程作为半精加工，磨削余量可降低到 0.01~0.02mm。此外，研磨过程可以只进行一次精加工。

工件的夹持方式也是一个重要的因素，磨床不存在这方面问题。

（资料：新潟铁工所）

索引

按加工方法分类・按工件材料分类・按使用刀具分类

▶按加工方法分类的索引

页码	加工内容（括号内依次为工件材料、刀具材料）
	车削
24 上	外圆切削/粗（SCM415，铝涂层）
24 下	外圆切削/粗（S45C，钛涂层）
24 上	外圆切削/精（SCM415，金属陶瓷）
24 下	外圆切削/精（S45C，金属陶瓷）
25 上	外圆切削/粗（铝，硬质合金）
25 上	外圆切削/精（铝，烧结金刚石）
26 上	外圆切削（相当于SUS303，硬质合金涂层）
27 上	外圆切削（BSBM2，烧结金刚石）
27 下	外圆切削（BSBM2，金属陶瓷）
28 上	外圆切削（S48C，铝涂层）
28 上	外圆切削（S48C，金属陶瓷）
28 下	外圆切削（FCD60，铝涂层）
30 下	外圆切削/同时双轴控制/粗（SCM415，铝涂层）
30 下	外圆切削/同时双轴控制/精（SCM415，铝涂层）
32 上	外圆切削（SNCM630，硬质合金铝涂层）
34 上	外圆切削（FCD50，CBN）
34 中	外圆切削（S45C，金属陶瓷涂层）
34 下	外圆切削（SCr420，金属陶瓷涂层）
35 上	外圆切削（SCM415，金属陶瓷）
35 中	外圆切削（SUS304，金属陶瓷）
35 下	外圆切削（17-4PH，涂层）
36 上	外圆切削（SCM435，金属陶瓷）
36 中	外圆切削（SUS316，金属陶瓷）
36 下	外圆切削（SUS316，金属陶瓷）
37 上	外圆切削（SCH21，金属陶瓷）
37 中	外圆切削（FCD55，金属陶瓷）
37 下	外圆切削（S45C，金属陶瓷）
45	外圆切削/粗（S45C-D，硬质合金铝涂层）
45	外圆切削/精（S45C-D，金属陶瓷）
46 上	外圆切削/粗（SCM415，铝涂层）
47	外圆切削（SUS303，金属陶瓷）
48	外圆切削/粗（A2017，硬质合金）
48	外圆切削/精（A2017，金属陶瓷）
49	外圆切削（SUS304，涂层）
49	外圆切削/精（SUS304，金属陶瓷）
50	外圆切削/精（FC-T8，烧结金刚石）
51	外圆切削/精（FC-T8，烧结金刚石）
29 上	外圆切削・切槽（S45C，金属陶瓷）
38 上	外圆・端面切削（SUS304，金属陶瓷）
38 中	外圆・端面切削（SUS420，金属陶瓷）
38 下	外圆・端面切削（SK3，金属陶瓷）
42 下	外圆・端面切削（FCD45，金属陶瓷，陶瓷）
46 下	外圆・端面切削（SCM415，金属陶瓷）
49	外圆・锥槽切削（SUS304，涂层）
31 下	外圆・锥槽切削（S50C，铝涂层）
25 下	外圆・内孔切削（A2017，烧结金刚石）
44 上	外圆・内孔・端面切削（SCM，CBN）
44 下	外圆・内孔・端面切削/粗（SCM，硬质合金涂层）
44 下	外圆・内孔・端面切削/精（SCM，金属陶瓷）
29 下	内孔切削（S45C，铝涂层）
32 中	内孔切削（合金铸铁，CBN）
39 上	内孔切削（SCr420H，涂层）
39 中	内孔切削（S12C，金属陶瓷）
39 下	内孔切削（SCM415，金属陶瓷）
40 上	内孔切削（SCM415，金属陶瓷）
50	内孔切削/精（FC-T8，烧结金刚石）

51	内孔切削/精（FC-T8，烧结金刚石）		70 上	平面铣削加工/粗（FC23，陶瓷）
46 下	内孔·端面切削（SCM415，金属陶瓷）		70 下	平面铣削加工（FC25，陶瓷）
49	内孔·锥体切削/粗（SUS304，涂层）		47	端面铣削加工（SUS303，硬质合金）
49	内孔切削·锥体切削/精（SUS304，金属陶瓷）		48	端面铣削加工（A2017，硬质合金）
30 上	内孔切槽（S45C，金属陶瓷）		49	端面铣削加工（SUS304，焊接硬质合金）
50	内孔切槽（FC-T8，硬质合金）		50	端面铣削加工（FC-T8，硬质合金）
32 下	端面切削（SCM415H，CBN）		71 下	端面铣削加工/粗（SS41，高速钢）
33 上	端面切削（FMS615，CBN）		71 下	端面铣削加工/精（SS41，高速钢）
40 中	端面切削（FCD45，金属陶瓷）		72 上	端面铣削加工（SKD41，硬质合金）
40 下	端面切削（SUS440C，金属陶瓷）		72 下	端面铣削加工（NAK55，硬质合金）
41 上	端面切削（SUS304，金属陶瓷）		73 上	端面铣削加工（S45C，硬质合金）
41 中	端面切削（S35C，金属陶瓷）		73 下	端面铣削加工（S45C，硬质合金）
43 上	端面切削（S10C，硬质合金铝涂层）		74 下	端面铣削加工（S50C，硬质合金）
43 下	端面切削/同时双轴控制/粗（树脂，烧结金刚石）		75 上	端面铣削加工（S50C，硬质合金）
43 下	端面切削/同时双轴控制/精（树脂，单石型金刚石）		75 下	端面铣削加工（S55C，金属陶瓷）
26 下	切断（A2017，钴高速钢）		76 上	端面铣削加工（S55C，硬质合金）
33 下	切断（SUJ2，硬质合金）		76 下	端面铣削加工（FC30，CBN）
51	切断（FC-T8，硬质合金）		77 上	端面铣削加工（相当于A7075，硬质合金）
41 下	切槽（SCM415，涂层）		77 下	端面铣削加工（FC25，CBN）
42 上	槽端面切削（FCD70，陶瓷）		78 上	端面铣削加工（SKT4，硬质合金）
31 上	端面切槽（S45C，金属陶瓷）		78 下	端面铣削加工（SCM440，金属陶瓷）
33 中	螺纹切削（S45C，金属陶瓷）		79 上	端面铣削加工（4Y32-T6，金刚石硬质合金涂层）
46 下	螺纹切削（SCM415，金属陶瓷）		79 下	端面铣削加工（A2024P，硬质合金）
51	螺纹切削（FC-T8，金刚石）		80 上	端面铣削加工（S50C，TiN涂层粉末高速钢）
	铣削		80 中	端面铣削加工（SKD11，CBN）
46 上	平面铣削加工（SCM415，金属陶瓷）		80 下	端面铣削加工（FC30，硬质合金）
62 上	平面铣削加工/粗（SUS304，TiN涂层）		81 上	端面铣削加工（相当于S45C，CVD涂层）
62 下	平面铣削加工/精（SUS304，硬质合金）		81 下	端面铣削加工（SNCM，CVD涂层）
63 上	平面铣削加工/半精（SS41，硬质合金）		82 上	端面铣削加工（SKS8，硬质合金涂层）
63 上	平面铣削加工/精（SS41，金属陶瓷）		82 下	端面铣削加工（S50C，硬质合金涂层）
63 下	平面铣削加工（SUH600，硬质合金）		84 上	端面铣削加工（石墨，金刚石电镀高速钢）
64 上	平面铣削加工（FC20，硬质合金）		71 上	端面铣削加工（SX105V FC30，CBN+硬质合金）
64 上	平面铣削加工（S45C，铝涂层）		74 上	端面铣削加工（石墨，烧结金刚石）
64 下	平面铣削加工（FCD60，涂层）		77 中	端面铣削加工（FCD50，CBN）
65 上	平面铣削加工（SUS304，硬质合金）		83 上	端面铣削加工（S50C，硬质合金）
65 下	平面铣削加工（SUS304，硬质合金）		83 下	端面铣削加工（SCM445，硬质合金涂层）
66 上	平面铣削加工（SCM440，金属陶瓷）		84 下	端面铣削加工（石墨，金刚石电镀高速钢）
66 下	平面铣削加工（ADC12，烧结金刚石）		81 中	钻孔端铣加工（相当于SCM440，CVD涂层）
67 上	平面铣削加工（沉淀硬化不锈钢，CVD涂层）		97 上	成形铣削加工（SUH600，高速钢）
67 中	平面铣削加工（S45C，CVD涂层）		97 下	成形铣削加工（S25C，金属陶瓷）
67 下	平面铣削加工（相当于SCM440，CVD涂层）		99 上	槽铣削加工（不锈钢，硬质合金）
68 上	平面铣削加工（相当于S25C，金属陶瓷）			**孔加工**
68 下	平面铣削加工（相当于SS41，CVD涂层）		49	钻孔加工（SUS304，涂层）
69 上	平面铣削加工（S50C，金属陶瓷）		50	钻孔加工（FC-T8，高速钢）
69 下	平面铣削加工（S50C，金属陶瓷）		51	钻孔加工（FC-T8，高速钢）

85 上	钻孔加工（SS41，硬质合金）	92 下	铰孔加工（FC20，CBN）
85 下	钻孔加工（SNCM，硬质合金）		**磨削**
86 上	钻孔加工（SS41，硬质合金 TiN 涂层）	46 上	磨削加工（SCM15，CBN）
86 下	钻孔加工（S50C，硬质合金 TiN 涂层）	101 上	磨削加工（苯乙烯泡沫塑料，普通 WA）
87 上	钻孔加工（SUS304，硬质合金铝涂层）	101 下	磨削加工（FCD45，CBN）
87 下	钻孔加工（FC30，硬质合金）	100	镗磨加工（FCD60，金刚石）
88 上	钻孔加工（S45C，金属陶瓷）		**镗削**
88 下	钻孔加工（S50C，硬质合金 TiN 涂层）	95 上	镗削加工（S45C，涂层）
89 下	钻孔加工（SUS304L，硬质合金 Ti 化合物涂层）	95 下	镗削加工（相当于 SNCM439，硬质合金）
90 上	钻孔加工（A390，烧结金刚石）	96 上	镗削加工（SS41，金属陶瓷）
90 中	钻孔加工（S50C，硬质合金）	96 下	镗削加工（SCS1，硬质合金氧化铝涂层）
90 下	钻孔加工（玻璃，烧结金刚石）		**其他**
91 上	钻孔加工（4Y32 – T6，硬质合金铂金涂层）	98 下	销式镜面铣刀加工（S48C，CVD 涂层）
91 下	钻孔加工（SUS316，焊接硬质合金）	98 上	弹簧加工（NAK55，超微粒子硬质合金）
92 上	钻孔加工（铬镍铁合金 625，TiN 涂层钴高速钢）	99 中	整形加工（S50C，超微粒子硬质合金）
89 上	枪钻加工（S55C，硬质合金）	99 下	整形加工（NAK80，粉末高速钢）
45	攻螺纹加工（S45C – D，硬质合金 TiN 涂层）		
51	攻螺纹加工（FC – T8，SKH）		
93 上	攻螺纹加工（S45C，高速钢涂层）		
93 下	攻螺纹加工（AC4C – F，钴高速钢）		

▶按工件材料分类的索引

表中，使用机器的简称，其中 MC 为加工中心，TC 为车削中心，GC 为磨削中心，TM 为自动线

页码	工件材料（括号内依次为使用刀具、使用机器）	93 下	AC4C = 铝合金（丝锥，卧式 MC）
25 上	Al（车刀，TC）	66 下	ADC12 = 铝合金铸物（面铣刀，专用机）
35 下	17 – 4PH（车刀，数控车床）	94	ADC12 = 铝合金铸物（钻孔刀具，卧式 MC）
79 上	4Y32 – T6 = 铝合金（立铣刀，卧式 MC）	27 上	BSBM2（车刀，数控车床）
91 上	4Y32 – T6 = 铝合金（钻头，立式 MC）	27 下	BSBM2（预磨车刀，数控车床）
25 下	A2017（直头车刀，数控自动车床）	50	FC – T8 = 相当于 A6061（车刀，双轴数控车床）
25 下	A2017（镗削车刀，数控自动车床）	50	FC – T8 = 相当于 A6061（成形车刀，双轴数控车床）
26 下	A2017（切断车刀，数控车床）	50	FC – T8 = 相当于 A6061（立铣刀，双轴数控车床）
48	A2017（车刀，TC）	50	FC – T8 = 相当于 A6061（钻头，双轴数控车床）
48	A2017（立铣刀，TC）	51	FC – T8 = 相当于 A6061（切断车刀，双轴数控车床）
79 下	A2024P（立铣刀，立式铣床）	51	FC – T8 = 相当于 A6061（车刀，双轴数控车床）
90 上	A390（钻头，MC）	51	FC – T8 = 相当于 A6061（成形车刀，双轴数控车床）
77 上	相当于 A7075（立铣刀，立式 MC）		

51	FC-T8＝相当于A6061（丝锥，双轴数控车床）		69 上	S50C（面铣刀，立式MC）
64 上	FC20（面铣刀，卧式MC）		69 下	S50C（面铣刀，立式MC）
92 下	FC20（研磨铰刀，卧式MC）		74 下	S50C（立铣刀，立式MC）
70 上	FC23/黑皮（面铣刀，TM）		75 上	S50C（立铣刀，立式通用铣床）
70 下	FC25（面铣刀，卧式MC）		80 上	S50C（立铣刀，立式MC）
77 下	FC25（球头立铣刀，立式MC）		82 下	S50C（立铣刀，立式MC）
76 下	FC30（球头立铣刀，立式MC）		83 上	S50C（球头立铣刀，立式MC）
80 下	FC30（立铣刀，立式MC）		86 下	S50C（钻头，立式MC）
87 下	FC30（钻头，立式MC）		88 下	S50C（钻头，立式MC）
40 中	FCD45（车刀，数控车床）		90 中	S50C（钻头，立式MC）
42 下	FCD45（车刀，单能机）		90 中	S50C（钻头，立式MC）
101 下	FCD45（杯式砂轮，立式GC）		75 下	S55C（立铣刀，立式MC）
34 上	FCD50（车刀，数控车床）		76 下	S55C（立铣刀，立式MC）
77 中	FCD50（球头立铣刀，立式MC）		89 上	S55C（枪钻，立式MC）
37 中	FCD50（车刀，数控车床）		37 上	SCH21（车刀，数控车床）
28 下	FCD60（车刀，数控车床）		44 上	SCM（车刀，数控车床）
64 下	FCD60（面铣刀，立式MC）		44 下	SCM（车刀，立式数控车床）
100	FCD60（电镀砂轮，卧式MC）		24 上	SCM415（车刀，数控车床）
42 上	FCD70（车刀，TM）		30 下	SCM415（车刀，数控车床）
33 上	FMS615（车刀，数控车床）		35 上	SCM415（车刀，数控车床）
72 下	NAK55（立铣刀，立式MC）		39 下	SCM415（车刀，数控车床）
98 上	NAK55（成形车刀，数控铣床）		40 上	SCM415（车刀，数控车床）
99 下	NAK80（肋拱整形刀，数控铣床）		41 下	SCM415（车刀，数控车床）
43 下	PMMA＝树脂（车刀，超精密数控车床）		46 上	SCM415（车刀，TC）
43 上	S10C（车刀，数控车床）		46 上	SCM415（面铣刀，TC）
39 中	S12C（车刀，数控车床）		46 下	SCM415（车刀，精密数控车床）
97 下	S25C（螺纹车刀，立式MC）		46 下	SCM415（电镀砂轮，精密数控车床）
68 上	相当于S25C（面铣刀，MC）		32 下	SCM415H（车刀，数控车床）
41 中	S35C（车刀，数控车床）		36 上	SCM435（车刀，数控车床）
24 下	S45C（车刀，数控车床）		66 上	SCM440（面铣刀，立式MC）
29 上	S45C（车刀，数控车床）		78 下	SCM440（球头立铣刀，立式MC）
29 下	S45C（车刀，数控车床）		67 下	相当于SCM440（面铣刀，MC）
30 上	S45C（切槽车刀，数控车床）		81 中	相当于SCM440（钻头立铣刀，MC）
31 上	S45C（切槽车刀，数控车床）		83 下	SCM445（球头立铣刀，立式MC）
33 中	S45C（螺纹车刀，数控车床）		96 下	SCS1（镗刀，数控机床）
34 中	S45C（车刀，数控车床）		34 下	SCr420（车刀，数控车床）
37 下	S45C（车刀，数控车床）		39 上	SCr420H（车刀，数控车床）
64 上	S45C（面铣刀，卧式MC）		38 下	SK3（车刀，数控车床）
67 中	S45C（面铣刀，MC）		72 上	SKD11（立铣刀，卧式MC）
73 上	S45C（立铣刀，NC车床）		80 中	SKD11（立铣刀，立式MC）
73 下	S45C（立铣刀，NC车床）		82 上	SKS8（立铣刀，立式MC）
88 上	S45C（钻头，立式MC）		78 上	SKT4（立铣刀，立式MC）
93 上	S45C（丝锥，卧式MC）		81 下	SNCM（立铣刀，卧式专用机）
95 上	S45C（镗刀，双柱式MC）		85 下	SNCM（喷钻，开孔专用机）
45	S45C-D（车刀，TC）		95 下	相当于SNCM439（镗刀，数控机床）
45	S45C-D（丝锥，TC）		32 上	SCNM630（车刀，数控车床）
81 上	相当于S45C（立铣刀，MC）		63 上	SS41（面铣刀，龙门铣床）
28 上	S48C（车刀，数控车床）		68 下	相当于SS41（面铣刀，MC）
98 下	S48C（销式镜面铣刀，曲柄销加工专用机）		71 下	SS41（立铣刀，卧式镗床）
31 下	S50C（切槽车刀，数控车床）		85 上	SS41（钻头，龙门铣床）

页码	内容	页码	内容
86 上	SS41（钻头，立式 MC）	36 下	SUS316（车刀，数控车床）
96 上	SS41/焊接结构（镗刀、卧式 MC）	91 下	SUS316（枪钻，卧式 MC）
63 下	SUH600（面铣刀，立式铣床）	38 中	SUS420（车刀，数控车床）
97 上	SUH600（切角刀，旋转仿形铣床）	40 下	SUS440C（车刀，数控车床）
33 下	SUJ2（切断车刀，数控车床）	71 上	SX105V = 火焰烧结钢（球头立铣刀，卧式 MC）
67 上	SUS/沉淀硬化 15－5（面铣刀，MC）	92 上	铬镍铁合金 625（钻头，生产铣床）
99 上	SUS/奥氏体（槽铣刀，MC）	90 下	玻璃（钻头，玻璃开孔专用机）
47	SUS303/磨料（车刀，数控自动车床）	84 下	石墨 = ED－3（立铣刀，石墨电极加工机）
47	SUS303/磨料（立铣刀，数控自动车床）	32 中	合金铸铁（车刀，数控车床）
26 上	相当于 SUS303（车刀，数控自动车床）	101	苯乙烯泡沫塑料（WA 砂轮，立式 MC）
35 中	SUS304（车刀，数控车床）	74 上	石墨（球头立铣刀，石墨电极加工机）
38 上	SUS304（车刀，数控车床）	84 上	石墨 = ED－3（立铣刀，石墨电极加工机）
49	SUS304（车刀，TC）	84 下	石墨 = ED－3（立铣刀，石墨电极加工机）
49	SUS304（立铣刀，TC）		
89 下	SUS304L（钻头，立式 MC）		
36 中	SUS316（车刀，数控车床）		

➡按使用刀具分类的索引

页码	使用刀具（括号内按顺序为刀具材料，工件材料）	页码	内容
24 上	车刀 = 外圆（Al$_2$O$_3$ 涂层，SCM415）	30 下	车刀 = 外圆（Al$_2$O$_3$ 涂层，SCM415）
24 上	车刀 = 外圆（金属陶瓷，SCM415）	31 上	车刀 = 端面槽（金属陶瓷，S45C）
24 下	车刀 = 外圆（Ti 涂层，S45C）	31 下	车刀 = 外圆·锥形槽（Al$_2$O$_3$ 涂层，S50C）
24 下	车刀 = 外圆（金属陶瓷，S45C）	32 上	车刀 = 外圆（Al$_2$O$_3$ 涂层，SNCM 630）
25 上	车刀 = 外圆（硬质合金，Al）	32 中	车刀 = 内孔（CBN，合金铸铁）
25 上	车刀 = 外圆（烧结金刚石，Al）	32 下	车刀 = 端面（CBN，SCM415H）
25 下	车刀 = 外圆（烧结金刚石，A2017）	33 上	车刀 = 端面（CBN，FMS615）
25 下	车刀 = 内孔（烧结金刚石，A2017）	33 中	车刀 = 螺纹切削（金属陶瓷，S45C）
26 上	车刀 = 外圆（涂层，相当于 SUS303）	33 下	车刀 = 切断（硬质合金，SUJ2）
26 下	车刀 = 切断（钴高速钢，A2017）	34 上	车刀 = 外圆（CBN，FCD50）
27 上	车刀 = 外圆（烧结金刚石，BSBM2）	34 中	车刀 = 外圆（金属陶瓷涂层，S45C）
27 下	车刀 = 外圆（金属陶瓷，BSBM2）	34 下	车刀 = 外圆（金属陶瓷涂层，SCr420）
28 上	车刀 = 外圆（Al$_2$O$_3$ 涂层，S48C）	35 上	车刀 = 外圆（金属陶瓷，SCM415）
28 中	车刀 = 外圆（金属陶瓷，S48C）	35 中	车刀 = 外圆（金属陶瓷，SUS304）
28 下	车刀 = 外圆（Al$_2$O$_3$ 涂层，FCD60）	35 下	车刀 = 外圆（涂层，17－4PH）
29 上	车刀 = 外圆·槽（金属陶瓷，S45C）	36 上	车刀 = 外圆（金属陶瓷，SCM435）
29 下	车刀 = 内孔（Al$_2$O$_3$ 涂层，S45C）	36 中	车刀 = 外圆（金属陶瓷，SUS316）
30 上	车刀 = 内孔槽（金属陶瓷，S45C）		

36 下	车刀 = 外圆（金属陶瓷，SUS316）	51	车刀 = 螺纹切削（金刚石，FC－T8 = 相当于 A6061）
37 上	车刀 = 外圆（金属陶瓷，SCH21）		
37 中	车刀 = 外圆（金属陶瓷，FCD55）	70 下	车刀 = 平面（陶瓷，FC25）
37 下	车刀 = 外圆（金属陶瓷，S45C）	98 上	车刀 = 弹簧（粉末高速钢，NAK55）
38 上	车刀 = 外圆·端面（金属陶瓷，SUS304）	46 上	面铣刀（金属陶瓷，SCM415）
38 中	车刀 = 外圆·端面（金属陶瓷，SUS420）	62 上	面铣刀（TiN 涂层，SUS304）
38 下	车刀 = 外圆·端面（金属陶瓷，SK3）	62 下	面铣刀（硬质合金 = 相当于 M10，SUS304）
39 上	车刀 = 内孔（涂层，SCr420H）	63 上	面铣刀（硬质合金 = 相当于 P30，SS41）
39 中	车刀 = 内孔（金属陶瓷，S12C）	63 上	面铣刀（金属陶瓷，SS41）
39 下	车刀 = 内孔（金属陶瓷，SCM415）	63 下	面铣刀（硬质合金，SUH600）
40 上	车刀 = 端面（金属陶瓷，SCM415）	64 上	面铣刀（硬质合金 = K 类，FC20）
40 中	车刀 = 端面（金属陶瓷，FCD45）	64 上	面铣刀（Al_2O_3 涂层，S45C）
40 下	车刀 = 端面（金属陶瓷，SUS440C）	64 下	面铣刀（涂层，FCD60）
41 上	车刀 = 端面（金属陶瓷，SUS304）	65 上	面铣刀（硬质合金 = P40，SUS304）
41 中	车刀 = 端面（金属陶瓷，S35C）	65 下	面铣刀（硬质合金 = P30，SUS304）
41 下	车刀 = 槽（涂层，SCM415）	66 上	面铣刀（金属陶瓷，SCM440）
42 上	车刀 = 槽端面（陶瓷，FCD70）	66 下	面铣刀（烧结金刚石，ADC12）
42 下	车刀 = 外圆·端面（金属陶瓷，FCD45）	67 上	面铣刀（CVD 涂层，SUS）
43 上	车刀 = 端面（硬质合金铝涂层，S10C）	67 中	面铣刀（CVD 涂层，S45C）
43 下	车刀 = 端面（烧结金刚石，PMMA = 树脂）	67 下	面铣刀（CVD 涂层，相当于 SCM440）
43 下	车刀 = 端面（单石型金刚石，PMMA = 树脂）	67 下	面铣刀（CVD 涂层，相当于 SCM440）
44 上	车刀 = 外圆内孔·端面（CBN，SCM）	68 上	面铣刀（金属陶瓷，相当于 S25C）
44 下	车刀 = 外圆内孔·端面（硬质合金涂层，SCM）	68 下	面铣刀（CVD 涂层，相当于 SS41）
44 下	车刀 = 外圆内孔·端面（金属陶瓷，SCM）	69 上	面铣刀（金属陶瓷，S50C）
45	车刀 = 外圆（硬质合金 Al_2O_3 涂层，S45C－D）	69 下	面铣刀（金属陶瓷，S50C）
45	车刀 = 外圆（金属陶瓷，S45C－D）	70 上	面铣刀（Si3N4 陶瓷，FC23/黑皮）
46 上	车刀 = 外圆（Al_2O_3 涂层，SCM415）	99 上	槽铣刀（硬质合金 = M 类，SUS）
46 下	车刀 = 外圆·端面（金属陶瓷，SCM415）	97 上	成形铣刀（高速钢 = SKH55，SUH600）
46 下	车刀 = 螺纹切削（金属陶瓷，SCM415）	97 下	成形铣刀（金属陶瓷，S25C）
46 下	车刀 = 内孔·端面（金属陶瓷，SCM415）	98 下	销式镜面铣刀（CVD 涂层，S48C）
47	车刀 = 外圆（金属陶瓷，SUS303）	47	立铣刀（硬质合金，SUS303/磨料）
48	车刀 = 外圆（硬质合金，A2017）	48	立铣刀（硬质合金，A2017）
48	车刀 = 外圆（金属陶瓷，A2017）	49	立铣刀（焊接硬质合金，SUS304）
49	车刀 = 外圆（涂层，SUS304）	50	立铣刀（硬质合金，FC－T8 = 相当于 A6061）
49	车刀 = 外圆（金属陶瓷，SUS304）	71 下	立铣刀（高速钢 = SKH56，SS41）
49	车刀 = 外圆锥形（涂层，SUS304）	72 上	立铣刀（硬质合金，SKD11）
49	车刀 = 内孔锥形（涂层，SUS304）	72 下	立铣刀（硬质合金，NAK55）
49	车刀 = 内孔锥形（金属陶瓷，SUS304）	73 上	立铣刀（硬质合金，S45C）
50	车刀 = 外圆（烧结金刚石，FC－T8 = 相当于 A6061）	73 下	立铣刀（硬质合金，S45C）
50	车刀 = 内孔（烧结金刚石，FC－T8 = 相当于 A6061）	74 下	立铣刀（硬质合金 = P30，S50C）
		75 上	立铣刀（硬质合金 = P30，S50C）
50	车刀 = 内孔槽（硬质合金，FC－T8 = 相当于 A6061）	75 下	立铣刀（金属陶瓷，S55C）
51	车刀 = 外圆（烧结金刚石，FT－T8 = 相当于 A6061）	76 下	立铣刀（硬质合金 = P30，S55C）
		77 上	立铣刀（硬质合金 = K10，相当于 A7075）
51	车刀 = 内孔（烧结金刚石，FC－T8 = 相当于 A6061）	78 上	立铣刀（硬质合金，SKT4）
		79 上	立铣刀（金刚石硬质合金涂层，4Y32－T6）
		79 下	立铣刀（硬质合金，A2024P）
		80 上	立铣刀（TiN 涂层粉末高速钢，S50C）
51	车刀 = 切断（硬质合金，FC－T8 = 相当于 A6061）	80 中	立铣刀（CBN，SKD11）

80 下	立铣刀（硬质合金＝K类，FC30）
81 上	立铣刀（CVD涂层，相当于S45C）
81 下	立铣刀（CVD涂层，SNCM）
82 上	立铣刀（硬质合金涂层，SKS8）
82 下	立铣刀（硬质合金涂层，S50C）
84 上	立铣刀（金刚石电镀高速钢，石墨ED-3）
71 上	球头立铣刀（CBN，SX105V＝火焰烧结钢）
74 上	球头立铣刀（烧结金刚石，石墨）
76 下	球头立铣刀（CBN涂层，FC30）
77 中	球头立铣刀（CBN，FCD50）
77 下	球头立铣刀（CBN，FC25）
78 下	球头立铣刀（金属陶瓷，SCM440）
83 上	球头立铣刀（硬质合金涂层，S50C）
83 下	球头立铣刀（硬质合金涂层，SCM45）
84 下	球头立铣刀（金刚石电镀高速钢，石墨ED-3）
81 中	钻头立铣刀（CVD涂层，相当于SCM440）
49	钻头（涂层，SUS304）
85 上	钻头（硬质合金＝相当于P30，SS41）
85 下	钻头＝喷钻（硬质合金＝相当于P30，SNCM）
86 上	钻头（硬质合金TiN涂层，SS41）
86 下	钻头（硬质合金TiC涂层，S50C）
87 上	钻头（硬质合金Al_2O_3涂层，SUS304）
87 下	钻头（硬质合金＝K10，FC30）
88 上	钻头（金属陶瓷，S45C）
88 下	钻头（硬质合金TiC涂层，S50C）
89 下	钻头（硬质合金Ti化合物涂层，SUS304L）
90 上	钻头（烧结金刚石，A390）
90 中	钻头（硬质合金，S50C）
90 下	钻头（烧结金刚石，玻璃）
91 上	钻头（硬质合金Pt涂层，4Y32-T6）
92 上	钻头（TiN涂层钻高速钢，铬镍铁合金625）
89 上	枪钻（硬质合金，S55C）
91 下	枪钻（焊接硬质合金，SUS316）
50	成形钻头（高速钢，FC-T8＝相当于A6061）
51	成形钻头（高速钢，相当于SCM440）
45	丝锥（硬质合金TiN涂层，S45C-D）
51	丝锥（高速钢，FC-T8＝相当于A6061）
93 上	丝锥（高速钢涂层，S45C）
93 下	丝锥（钴高速钢，AC4C-F）
92 下	研磨铰刀（CBN，FC20）
99 中	肋拱整形刀（超微粒子硬质合金，S50C）
99 下	肋拱整形刀（超微粒子硬质合金，NAK80）
94	镗刀（硬质合金，ADC12）
95 上	镗刀（涂层，S45C）
95 下	镗刀（硬质合金，相当于SNCM439）
96 上	镗刀（金属陶瓷，SS41）
96 下	镗刀（硬质合金Al_2O_3涂层，SCS1）
46 下	砂轮（CBN电镀，SCM415）
100	砂轮（金刚石电镀，FCD60）
101 上	砂轮（WA，苯乙烯泡沫塑料）
101 下	砂轮（CBN，FCD45）

第2部分 切削相关资料篇

刀具以及加工中的故障与解决方法

1 车削加工的故障与解决方法

现象、问题点	原因	解决方法 刀具材料、形状	解决方法 切削条件
后刀面磨损	刀片材料过软（过黏）	换成硬度更高的材料（硬质合金→金属陶瓷、涂层→陶瓷→CBN）	降低切削速度
后刀面磨损	切削面积过大（刀尖温度过高）或耐磨性不足	选择耐磨性更高的刀具	降低切削速度
后刀面磨损	刀尖前角或刀尖圆弧半径过小（切削刃的热容量小，产生高温）	增大前角，通过镗磨强化切削刃 加大刀尖圆弧半径	
后刀面磨损	进给速度过小		适当增大进给速度
后刀面磨损	切削刃的磨削表面粗糙	用粒度更细的金刚石砂轮磨削刀尖	
前刀面磨损	刀片材料抗月牙洼磨损性不足	换成抗月牙洼磨损性更高的材料（K→M→P→金属陶瓷）	
前刀面磨损	切削温度过高或进给速度过大，发生扩散磨损	选择铝涂层材料 选择正角刀片 增大前角	降低切削速度、减小进给速度
前刀面磨损	属于切屑剪切角过小的刃形或被切削材料	增大前角 更换断屑槽形状，使切屑不卷曲	
热裂纹	断续切削或切削液的供给不稳定	选择韧性更高的材料 换成不产生热的刀具形状	降低切削速度、减小进给速度 充分使用切削液或换成干式切削
崩刃	刀片材料过脆（过硬）	换成韧性更高的材料（P、M、K均可，铝涂层的情况是 TiC→TiCN→TiN 涂层） 加大刀尖圆弧半径	原因为出现积屑瘤时，提高切削速度 减小进给速度
崩刃	断续切削或加工表面的质量不佳导致发生冲击	镗磨切削刃	减小主偏角
崩刃	进给速度过大（断屑槽形状或尺寸与进给速度不合）	增大断屑槽的刃带宽或槽宽	减小进给速度或提高切削速度
崩刃	切削液带来的热冲击过大		不使用水溶性切削液 换成干式切削、空气射流法或油雾法
崩刃	刀架的刀片刚度不足	换成更牢固的刀片夹持机构，减少刀架的悬伸量	

（续）

现象、问题点	原因	解决方法	
		刀具材料、形状	切削条件
缺损	刀片相对于负荷（切削深度、进给量）过小	更换更大的刀片	减小进给速度，或根据情况同时减小切削深度
	刀片材料脆	换成韧性高的材料	
	刀片切削刃强度低	选择高强度的切削刃，尽可能选单面刀片	
	刀具或工件的夹持不稳定	先旋紧靠近刀尖的刀架定位螺栓，设置2个以上 修改固定螺栓的压紧区域	
	切屑碰到切削刃	尝试改变切削刃形状	稍微改变进给速度 改变刀架的主偏角
塑性变形	切削刃因高温而软化变形	降低刀片材料的硬度 换成耐热冲击性高的材料 加大后角、前角 减小刀尖圆弧半径、余偏角	降低切削速度，减小切削深度、进给量 使用冷却效果好的切削液
积屑瘤	切削速度低或进给速度小		提高切削速度，增大进给速度
	刀片的切削刃刀片为负角	换成正角刀片	
	刀片材料的焊接性低	换成难以焊接的材料（硬质合金→金属陶瓷，涂层）	提高切削速度，增大进给速度 使用切削液
已加工表面质量不佳	进给速度过大	加大刀尖圆弧半径	减小进给量
	进给速度过小	换成右侧所示切削条件得到的切削刃（切削刃边缘）	使用0.05mm/r以上、无磨损（滑移）、平稳的正常切削，可获得所需的已加工表面粗糙度
	积屑瘤的影响	选择不容易形成积屑瘤的形状或材料的刀片	换成不容易形成积屑瘤的切削条件
颤振	断屑槽形状不符合切削条件	加大断屑槽的宽度	减小进给速度
	进给速度过大，切屑变厚	减小主偏角	减小进给速度
	刀尖圆弧半径过大	选择小刀尖 R	
	因后刀面异常磨损导致切削刃发钝	选择耐磨性高的材料	降低切削速度
	切削阻力大	换成正角刀片	
	切断切屑的力度过大	选择可高进给的刀片	减小进给速度
	切削深度过小		增大切削深度，减少刀片磨损
	刀具的定位不准		调整轴心高度
	刀具的悬伸量过长	缩短悬伸量 如果是镗刀，则使用大直径刀具	
切屑无法顺利切断	断屑槽的形状不适合切削条件	换成断屑槽宽或刃带宽小的形状	适当调整切削深度、进给速度
	因主偏角过小、切屑薄、排出方向上没有障碍物而无法切断	选择合适的刀尖圆弧半径、断屑槽	增大主偏角
	刀具的刀尖圆弧半径过大	减小刀尖圆弧半径	

111

刀具以及加工中的故障与解决方法

(续)

现象、问题点	原因	解决方法 刀具材料、形状	解决方法 切削条件
切屑无法顺利切断	切削速度过快		降低切削速度
	进给速度过小		增大进给速度，加大切屑厚度
	被切削材料过软		用切削液冷却，使切屑变硬暂停进给或调整刀具改变切屑的剪切面

●螺纹切削的情形

现象、问题点	原因	解决方法 刀具材料、形状	解决方法 切削条件
后刀面磨损快	切削速度过快		降低进给速度
	切削液少		增加切削液的供给速度
	每个道次的切削深度过小（道次数过多）		当为最小切削深度时，增大切削深度（减少道次数）
	刀具材料不合适	选择耐磨性更高的材料	
后刀面磨损不平均	切入方法不合适		侧面切入时，将主偏角缩小3°~5°
	导程角不合适		选择合适的导程角
切削刃的崩刃	工件夹持或刀具设置不稳定	选择韧性更高的材料	检查操作刚度
塑性变形的异常	每个道次的切削深度小（道次数过少）		减小相对于最大切削深度的切削深度（增加道次数）
	切削液少		增加切削液的供给量
	切削速度过大		降低切削速度
	刀具材料不合适	选择硬度更高的材料	
	螺钉顶部的切削量多		检查切削量
缺损	稳定性不足		检查操作刚度
	切屑处理不佳	选择韧性高的材料	调整成合适的进给速度等
	切削液的供给断断续续或不足		增加切削液供给量并保持稳定
	预加工不正确		检查毛坯尺寸
螺纹深度不佳	刀具轴心高度不正确		调整切削刃的高度
	刀具磨损快	更换刀片	
螺纹形状不佳	刀具设置不正确		正确设置刀具
已加工表面质量不佳	切削速度过低		提高切削速度
	导程角不合适		选择合适的导程角

●切断的情形

现象、问题点	原因	解决方法 刀具材料、形状	解决方法 切削条件
刀片缺损	加工结束后工件反向卷曲碰到切削刃	使用负角刀片 使用韧性高的材料	降低切削速度 使用工件托架

（续）

现象、问题点	原因	解决方法	
		刀具材料、形状	切削条件
刀片缺损	积屑瘤	使用正角刀片	提高进给速度
	刀具/工件弯曲	使用正角刀片	减小进给量和悬伸量
	因工件中残留的凸起或环状物导致	尝试改变刀具的使用方式	在切断结束之前减小进给速度，尽早停止进给
加工面的凹凸	选择可左右使用的刀具	使用双面（中立）的正角刀片	提高切削速度
	进给速度过大	使用正角刀片	减小进给速度
	刀具刀片不佳	更换刀片	
	侧面的刚度不足	扩大刀片宽度或减小悬伸量	
	切屑阻塞	使用正角刀片	调整进给速度以便得到合适的切削形状 增加切削液的供给量
刀具寿命短	刀片的缺损，后刀面或前刀面的磨损异常	选择韧性更高的材料 选择耐磨性更高的材料	
	切削刃的轴心高度与推荐值不同		调整切削刃的轴心高度
发生颤振，已加工表面质量不佳	刀具的定位方法、安装方法		检查刀具的定位、安装位置
	悬伸量过大		减小悬伸量
	进给速度不够		增大进给速度
	切削速度过大		降低切削速度
	进给速度过多	使用正角刀片。尽可能减小切断刀片的宽度	
	积屑瘤的影响	使用正角刀片	提高切削速度
	机器空转		调整机器

113

刀具以及加工中的故障与解决方法

❷ 铣削加工的故障与解决方法

现象、问题点	原因	解决方法 刀具材料、形状	解决方法 切削条件
后刀面磨损	刀片材料过软	换成硬度更高的材料（P30→P20～30→P10，K20→K10，硬质合金→涂层，金属涂层→陶瓷） 增大前角，通过镗磨强化切削刃边缘 进行倒圆角加工	降低切削速度 增大进给速度
前刀面磨损	刀片材料的抗月牙洼磨损性低	换成抗月牙洼磨损性更高的材料	降低切削速度 减小切削深度、进给速度
崩刃	刀片材料过脆（过硬）	换成韧性更高的材料（P10→P30→P40，K10→K20→K40，铝涂层的情况是 TiN→TiCN→TiN 涂层） 镗削切削刃 减小后角	减小进给速度（有时提高转速为好）
崩刃	切削刃边缘上积屑瘤容易脱落	换成难以焊接的材料（TiC 等）（K→M→P、金属陶瓷，P30→P20→P10） 换成切削刃边缘强度高的材料	提高切削速度 增大进给速度 使用润滑性好的切削液
崩刃	切削刃负担过大		选择正确的接触角
崩刃	切削硬质材料或表面质量不佳的工件	选择刀尖强度高的材料 换成顶角小的铣刀 减小前角（正正→负正→负负）	调整切削速度 改变切削深度的接触角（基本为40°以下较小角度的方向）
崩刃	进行上切		安装进给的后冲消除装置，进行下切
崩刃	切削中振动多	检查刀片安装面是否有破损、切屑处理是否不佳、积屑瘤是否粘结、夹紧螺栓功能等，尽可能减小铣削直径	使用刀具安装的悬伸量最小化的机器 提高工件安装精度以及刚度 选择避免驱动系统松动或轴出现抖动、振动的转速（低速有问题）
缺损	热裂纹导致破裂	选择耐冲击性高的材料；复合镗削切削刃	降低切削速度
缺损	刀片相对于切削阻力过薄	增加刀片厚度	减小进给速度或切削深度，减少负荷
缺损	连续使用过于磨损的刀片		缩短刀片更换间隔
缺损	使用过低的切削速度或过小的进给速度进行加工	选择切屑难以附着的材料	选择符合刀具材料和被切削材料的切削速度和进给速度
缺损	切屑排出不畅	选择切屑处理性能好的刀片形状	使用切削液 使用空气
缺损	切削挤压后咬屑	选择切屑难以附着的材料（硬质合金→金属陶瓷）	

（续）

现象、问题点	原因	解决方法	
		刀具材料、形状	切削条件
缺损	切削刃离开工件时的切屑较厚		改变刀片的位置 减小每片切削刃的进给速度
	刀具或工件的夹持不稳定	检查刀片的安装面、夹紧螺栓的功能	加强工件的固定
焊接、挤压	加工软的材料（铝、钢、低碳钢等）	选择前角大的刀具	
	钢材切削时使用了具有较多黏结剂的刀具材料	更换材料（P30→P20→金属陶瓷）	
	使用了负前角或前角小的刀具	换成前角大的刀具	
颤振	工件的夹持不稳定		选择稳定的工件夹持方法
	切削钢板较薄	选择前角大、锋利的刀具	减小进给速度
	切削宽度小的工件	使用铣削直径小、刃数多的刀具	
	多个切削刃同时切削（再生型颤振）	减少刃数或使用切削刃之间间距不等的刀具	
已加工表面质量不佳	轴向的切削刃抖动过大	检查刀片安装状态 使用带有平行刃带的刀片	检查主轴的振动
	每转进给速度大	使用修光刃刀片 提高刀片的设置精度	提高切削速度
	发生颤振	检查刀片的安装 改变切削刃形状 不使用修光刃刀片 减少刃数	减小切削深度
	积屑瘤的影响	换成耐熔敷性高的正角刀片 更换刀片材料（K→M→P→金属陶瓷）	提高切削速度 调整合适的切削深度
	下切	使用小直径刀具	减小切削深度 检查主轴
	工件表面轻微开裂	使用横向节距刀具 选择使切屑厚度变小的切削刃形状 减小顶角	减小每刃进给速度 调整刀具位置

115

刀具以及加工中的故障与解决方法

3 端铣加工的故障与解决方法

现象、问题点	原因	解决方法 刀具材料、形状	解决方法 切削条件
后刀面磨损	刀片材料过软（过黏）	换成硬度更高的材料（P30→P20→P10，K20→K10，硬质合金→涂层，金属涂层→陶瓷，TiN·TiCN·TiN 涂层→铝涂层）	降低切削速度 增大进给速度 研究切削液
	针对会造成磨损的加工，选择抗月牙洼磨损性高的刀片材料	从 P 系材料换成硬度相同的 K 系材料 从 P 系材料换成 TiN 系或微粒子系 P、M 系材料	
	对于切削材料来说，切削温度过高	在正角侧增大前角进行磨削 通过镗磨强化切削刃的边缘	降低切削速度 用空气或切削液冷却 改善切屑处理 摩擦大时，增大进给速度 进行下切
	因为崩刃发生早，所以出现了后刀面磨损	提高切削面表面质量，以使崩刃后的切削刃边缘的磨损粉及后刀面的磨损粉不摩擦后刀面	
	在给定的工作台进给距离下，切削刃通过的累计距离过早增加		在切屑产量和切削阻力允许的增加范围内，增大进给速度（在不改变工作台进给速度的情况下，减少刃数或降低切削速度）
	进行上切		改变进给方向，进行下切 增大每刃进给量并提高切屑厚度、减少切削刃的摩擦
	负荷和发热集中在顶角，局部磨损增长异常快	顶角上设计倒角或圆角 镗磨顶角的锐角部	
	切削刃晃动，每刃进给量不均匀，凸出的刃磨损严重		调整降低安装中的晃动和刀具磨削时的晃动
	切削刃的后角过小	增大后角	
	切削刃周围的磨削面过于粗糙（尤其是铝、铜合金等非铁金属切削的情况）	用粒度更细的金刚石砂轮进行接近于镜面磨切的湿式磨削	
崩刃	刀片材料过硬（过脆）	换成韧性更大的材料（P10→P20→P40，10→K20→K30，铝涂层→TiC 涂层→TiN 涂层） 镗磨切削刃 减小后角	提高切削速度 根据机床的特性不同，有时降速反而更好
	工件表面状态、刚度或接触角的变动大，刀具无法适应	加大切削刃边缘的镗削 换成导程角大的刀具 当前端部损坏严重时，仅减小前端部前刀面的螺旋角	当进给方向剧烈反转时，减小进给速度 尽可能减小刀具安装的悬伸量

（续）

现象、问题点	原因	解决方法 刀具材料、形状	解决方法 切削条件
崩刃	积屑瘤的影响、焊接物的生成和脱落或过度咬屑	增减切削刃的镗磨宽度；在允许范围内换成 TiC、TiC + TaC 成分多的材料或涂层材料 K 系材料→M、P 系材料→涂层或金属陶瓷 换成切削刃边缘强度大的材料 换成导程角更大的刀具	提高切削速度 增大每刃进给速度 使用润滑性好的切削液
崩刃	进行上切		进行下切
崩刃	立铣刀安装不当		尽可能减小刀具安装的悬伸量 调整夹头或卡盘
崩刃	可转位车刀安装不当	检查刀片安装面是否损坏、积屑瘤的焊接、刀架侧的刀片座	
崩刃	设置和机床振动应对不当		提高工件安装方法的刚度 调整工作台的滑动面 选择不引起驱动系统和主轴振动的转速
缺损	刀片材料过硬（过脆）	换成韧性更高的材料（P10→P20→P40，K10→K20→K30，铝涂层→TiC→TiN 涂层） 镗削切削刃 减小后角	提高切削速度 根据机床的特性不同有时降速反而更好
缺损	立铣刀的直径相对于负荷（切削深度、进给速度）过细	增大立铣刀的直径	减小刀具安装的悬伸量
缺损	刀片相对于负荷过薄或尺寸过小导致其安装不稳定	增加刀片厚度 增大可转位刀片的尺寸	
缺损	刀具或工件的夹持不稳	检查刀片安装面的损坏情况，刀架侧的刀片座	尽可能减小刀具安装的悬伸量
缺损	下切		换成上切
缺损	刀片强度不够	换成高强度材料的刀具 减少刃数	减小进给速度 使用切削液
折损	进入或退出工件时，由于进给方向的突然改变而引起负荷的急剧变化	将切削刃的长度调整到所需最小限度	减小进给速度 减小刀具安装的悬伸量 消除夹头、卡盘的不良夹持状态
折损	切削负荷过大	尽早更换刀具 减少刃数 镗削切削刃边缘	减小每刃进给速度 保证进给速度不变，降低切削速度 减小切削深度 进行下切 减小刀具安装的悬伸量 改善切屑处理
折损	疲劳破坏	当切削阻力带来的弯曲应力在使用实心立铣刀时为 90kgf/mm² 以上，焊接时为 50kgf/mm² 以上的重切削的情况下，如果使用超过 10⁷ 转（2000r/min×83h），可能导致疲劳破坏，因此在此之前需更换刀具	

117

刀具以及加工中的故障与解决方法

（续）

现象、问题点	原因	解决方法 刀具材料、形状	解决方法 切削条件
已加工表面质量不佳	积屑瘤的影响或焊接物的生成脱落	增减切削刃镗削宽度 在允许范围内换成 TiC、TiC + TaC 成分多的材料或涂层材料	提高切削速度 增大每刃进给速度 使用润滑性好的切削液
已加工表面质量不佳	沾有细小的切屑	进行精细镗削	提高切削速度 进行下切 增大进给速度或精加工余量 使用切削液或空气
已加工表面质量不佳	切削阻力断断续续地改变，立铣刀发生弹性变动	增大切削刃的导程角 增加刃数 缩短刃长	减小进给速度 减小切削深度 进行上切 提高刀片的振动精度 尽早更换刀具
已加工表面质量不佳	颤振发生早	使用不等分割刃 在粗加工中使用 2 片刃，在精加工中使用 4 片刃	降低切削速度（根据情况有时也会提高切削速度） 增大进给速度 提高工件的安装刚度 提高刀具的安装刚度
形状公差不满足要求	径向切削余量比规定的更偏负方向		进行下切 减小精加工余量 提高切削速度 减小刀具安装的悬伸量 更换夹头、卡盘
形状公差不满足要求	立铣刀倾斜，与切削面之间不垂直	增加刃数 尽早更换刀具 对外周切削刃进行磨削，使其出现一定锥度以修正与切削面之间的倾斜	减小精加工余量 提高切削速度 减小进给速度 减少刀具安装的悬伸量

4 钻孔加工的故障与解决方法

现象、问题点		原因	解决方法	
			刀具材料、形状	切削条件
磨损、损坏		切削速度过大	换成耐磨性更高的材料	降低切削速度 使用润滑性好的切削液
		后角过小	增大后角	调为合适的切削速度
		刀具外周刃较弱	增大切削刃的镗削量	降低切削速度 增加切削液的供给量 减小刀具进入或退出时的进给速度
崩刃		切削刃过于锐利（后角过大）	镗削 减小后角 换成韧性更高的材料	
		切削速度过大		降低切削速度 使用切削液
		切削刃上有挤压的分离物	更换材料 减小后角	降低切削速度、减小进给速度 使用切削液
		发生颤振或振动	提高机床或刀具的刚度	降低切削速度 改变工件的夹持方法
折损	孔入口附近	工件表面质量不佳		减小刀具进入时的进给速度 使用导套 提高加工表面质量
		钻头的再次磨削，精度不佳	进行良好的精加工 换成机床磨削	
		切削条件过高		降低切削速度，减小进给速度
		机床或工件的刚度低		改变工件的夹持方法 换成刚度高的机床
	孔中	钻孔弯曲	提高钻头的刚度 换成咬合良好、定心性高的刀尖	使用导套（或减小其间隙）
		切屑阻塞	改变钻头的芯厚、槽宽度比	减小进给速度 使用切削液 换成分步进给
	其他	钻头的夹持方法不当	调整钻头再磨削的时间与量	换成带有夹头或环状物的结构等，增强夹持力
		钻头直径的倒锥度消失	增大倒锥度，减小刃带宽	
加工精度不佳	扩大量大	钻头刀尖精度不佳	改变钻头的磨削方法（使用具有定心性的刃形）	减小切削速度、进给速度 减小切削液的压力、供给量
	直线度不佳	咬合不佳	消除提高钻头球心点的左右切削刃的偏心 消除钻头的弯曲或振动	减小咬合时的进给速度 使用导套（调整间隙）
	已加工表面质量不佳	切屑阻塞		改善切屑处理
		钻头刚度低	提高钻头刚度	
		出现积屑瘤	选择焊接性高的材料	提高切削速度 调整进给速度 提供足量的切削液

刀具以及加工中的故障与解决方法

（续）

现象、问题点	原因	解决方法	
		刀具材料、形状	切削条件
切屑处理不佳	切削条件不合适		降低切削速度 增大进给速度
	切削液的供给量不足	换成带有油孔的钻头	提高切削液的油压并提高其供给量
颤振	钻头的刚度低	提高刀具的刚度 减小后角	降低切削速度

● 用于钢加工的带油孔钻头的情形

现象、问题点	原因	解决方法	
		刀具材料、形状	切削条件
缺损、折损	切削刃强度不足	增大镗磨宽度	
	切削条件不合适		尝试改变切削速度、进给速度
	出现积屑瘤等焊接物	增大镗磨宽度，使其与每次旋转的进给速度相同	降低切削速度 使用极压添加剂多的切削液 提高切削液浓度或换成非水溶性切削液
	钻头或机床的刚度不足等带来的振动	减小镗磨宽度 减小刀具悬伸量 完善刀具夹持	改变切削条件 减小咬合、贯穿时的进给速度 加强工件的固定 用机械进给的方式代替油压进给
	工件形状不合适		减小咬合、贯穿时的进给速度 提高表面质量 重新调整加工工序
	安装精度不佳		调整机床的准线 工件旋转时，使旋转中心和钻头中心保持一致
	机床输出功率不足	减小镗磨宽度	降低切削条件 使用输出功率大的机床
	切屑阻塞	调整合适的镗磨，稳定切屑形状	换成分步进给 尝试改变切削速度、进给速度 增加切削液的压力和供给量
	切削刃精度不佳	改善刀具的再磨削 提高刀具的安装精度	
加工精度不佳（扩大量大、钻孔弯曲）	刀具、机床的刚度不足	减小镗磨宽度	减小进给速度 加强工件的固定 使用刚度高的机床
	咬合状态不佳		减小咬合时的进给速度 提高表面质量

4 钻孔加工的故障与解决方法

现象、问题点		原因	解决方法	
			刀具材料、形状	切削条件
折损		导锥角小		增大导锥角并增加扩大量
		刀片外周的磨损大	选择耐磨性高的材料	降低切削速度 使用润滑性好的切削液
		切削液不合适导致熔接		改善切削液的过滤 使用润滑性好的切削液 增大油压
加工精度不佳	加工表面质量不佳、扩大量偏差大	每刃进给量过大	增加刃数	减小进给速度
		导锥角过大		减小导锥角
		倒锥度过大	减小倒锥度	
		铰孔外周侧的振动大		改善振动精度
		刀具再次磨削不佳	消除切削刃的损坏	改善振动精度
		切削液不合适		降低油压 提高切削液的活性、润滑性
		工件安装不当		调整夹持位置 增大夹持力
		机器精度不准		调整主轴振动、轴线等
	圆度不准	机器精度不准		调整主轴振动、轴线等
		铰刀的外周振动大		修正外周振动
		铰刀的刚度不足	使用刚度高的铰刀	
		工件的夹头位置不当		改变工件的夹持位置
		工件中有偏差	减小铰刀的刃带宽	
	扩大量小	导锥角小		增大导锥角
		刀片外周的磨损大	选择耐磨性高的材料	降低切削速度
		切削液的润滑性差		使用润滑性好的切削液
		刀具的再次磨削不佳（残留着原先的损坏）	增大刀具的再次磨削量	

121

刀具以及加工上的故障与解决方法

6 螺纹加工的故障与解决方法

现象、问题点		原因	解决方法	
			刀具材料、形状	切削条件
内螺纹精度不佳	孔径变大	丝锥选择不当	选择精度合适的丝锥	增大导锥部的长度
		切屑阻塞	使用顶点丝锥、螺尖丝锥 减少丝锥槽数，增大槽容积	尽可能增大导孔直径 改变切削液的种类、供给方法
		切削条件不合适		调整切削速度 消除丝锥和螺纹底孔之间的偏心误差 调整进给速度 消除轴心振动
		切削刃上附着焊接物	调整前角 在刀尖上进行蒸气氧化处理等表面处理	降低切削速度 换成焊接性强的切削液
		丝锥的再次磨削不佳	修正槽切削 不增大前角和导锥后角 不过于打薄刃厚	除去磨削毛刺
	孔径变小	丝锥选择不当	选择较大直径的丝锥 增大前角 调整导锥后角	
		内螺纹中有损坏		合理调整丝锥退出时的速度，不损坏内螺纹的口部
		内螺纹上残留着切屑	提高丝锥的锋利程度	清理渣状切屑 在完全除去切屑之后进行量规检查
内螺纹加工面不佳	具有凹凸、咬粘	丝锥的选择不当		增大导锥部的长度
		前角不合适	使前角与被切削材料相契合	
		切屑阻塞	使用顶点丝锥、螺尖丝锥	增大导孔径
		焊接物附着在刀尖上	打薄刃厚 改变丝锥切削刃形状（带有螺纹退刀槽）	降低切削速度 改变切削液、供给方法
	颤振	过于锋利	减小前角 减小螺纹退刀槽	
		再次磨削不佳	不过于打薄刃厚	不对槽底再次磨削
丝锥的耐久性不佳	折损	丝锥选择不当	更换刀具材料 使用顶点丝锥、螺尖丝锥	改善切削处理
		切削转矩过大	增大前角 增大螺纹退刀槽，使刃厚变薄 使用螺旋槽丝锥	增大导孔径
		使用条件不合适	使用浮动丝锥	降低切削速度 消除丝锥和导孔的偏心误差以及导孔的倾斜 消除对导孔的底部碰撞

122

（续）

现象、问题点		原因	解决方法	
			刀具材料、形状	切削条件
丝锥的耐久性不佳	折损	再次磨削不佳	不对槽底再次磨削 刃厚不过薄 不保留刀尖的磨损部分 缩短再次磨削的周期	
	缺损	丝锥选择不当	减小前角 更换刀具材料 降低刀具硬度 使用螺旋槽丝锥	改善切屑处理 增大导锥部的长度
		使用条件不合适	选择焊接性强的材料	降低切削速度 消除偏心误差，丝锥咬合时不给予冲击 防止刀尖熔敷
	磨损	丝锥选择不当	在硬质材料中使用特殊设计的丝锥 更换刀具材料 进行刀具的表面处理	增大导锥部的长度
		再次磨削不佳	不把前角做得过大 防止磨削烧伤	
		使用条件不合适		降低切削速度 改变切削液的种类、供给方法 防止导孔的加工硬化

123

刀具的损坏形态和材料种类

目前使用的刀具材料包括高速钢、硬质合金材料、超细颗粒硬质合金材料（微合金）、涂层、金属陶瓷、陶瓷、烧结金刚石和CBN等多种材料。

近来，为了进一步提高加工精度、生产效率以及应对随之而来的机床高速化，高速钢和硬质合金材料刀具的比例与过去相比有所下降，陶瓷、金属陶瓷、CBN等所谓的新材料得到了广泛应用。

然而，这些新材料并不是万能的。如果不熟悉材料的性能，在使用时不能按照目的正确使用，不仅达不到预期的效果，还会出现刀具损坏等意想不到的问题。

●刀具的损坏形态

刀具损坏主要是由机械原因、热效应或化学效应引起的。

首先，以下是由机械原因造成刀具损坏的例子：

（1）后刀面磨损（侧面磨损）

被切削材料中含有的硬质颗粒成分划伤后刀面，造成磨损（见图1）。

（2）崩刃

刀具上受到巨大挤压力或振动等产生的小缺损（见图2）。

（3）缺损、破损

当刀具受到机械冲击，发生比崩刃更大的损坏（见图3）。

以下类型的刀具损坏是由热效应或化学效应引起的：

（4）前刀面磨损（月牙洼磨损）

切削时刀尖发热，刀具本身性能下降或合金化成分因扩散焊接而消失（见图4）。

（5）塑性变形

高温下刀尖变软，切削刃变形（见图5）。

（6）热裂纹

在断续切削等情况下，加热和冷却的交替导致刀具产生热疲劳，出现垂直于切削刃的小裂纹（见图6）。

（7）积屑瘤

一部分被切削材料变成硬质的焊接物沉积在刀尖上（图7）。往往会造成类似于崩刃的损坏。

（8）折损

在钻头、立铣刀等有较大悬伸量的刀具上发生的断裂。如果在切削过程中出现这种情况，从安全的角度来说也是个问题。

这些刀具损坏与刀具寿命一样都是不可避免的问题，但只要选择适合被切削材料和切削条件的刀具材料，就

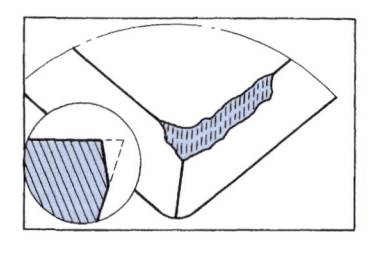

图1　后刀面磨损

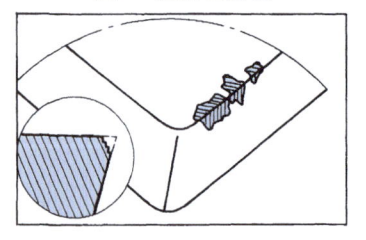

图2　崩刃

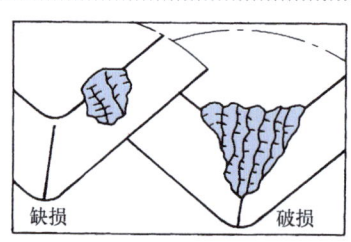

图3　缺损、破损

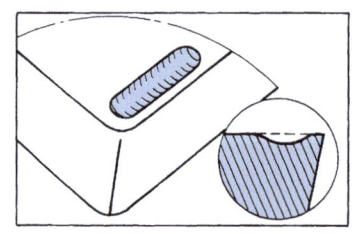

图4　前刀面磨损

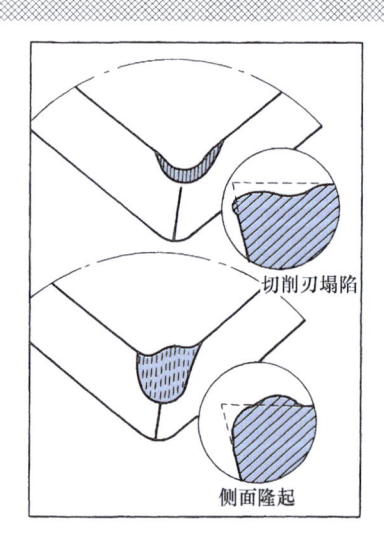

图5　塑性变形

能实现高效加工。

● **刀具的材料与特点**

如图8所示，刀具材料可分为3大类。不同材料类型刀具的特点如下：

① 高速钢刀具

这类刀具以高速工具钢（高速钢）为主要材料，即使在今天，大约一半的钻头和近一半的立铣刀都是由高速钢制成的。但实际上，制作这种刀具还需要在高速钢基体上进行涂覆。

虽然高速钢刀具的进给速度大，耐冲击性也是刀具材料中最好的，但缺点是切削速度不能太快。

② 硬质合金刀具

这是目前最常见的刀具，由WC（碳化钨）、TiN（氮化钛）、TaC（碳化钽）等高熔点的硬质合金粉末与钴等黏结剂烧结而成。

它被用作车刀、立铣刀等多种刀具，具有优良的耐热性、耐磨性和抗焊接性，但受到冲击时可能会出现损坏。

③ 超细颗粒硬质合金刀具

这类刀具是由比硬质合金材料更细的WC颗粒制成的，其强度（韧性）比相同硬度的硬质合金材料更大，即使在高速钢的切削范围内也能发挥很好的性能。但其抗冲击性不如高速钢。

④ 硬质合金涂层刀具

这类刀具是以硬质合金或高速钢为基体材料，涂覆TiC、TiN、Al_2O_3等之后形成的，具有较高的耐热性和耐磨性，化学性质稳定。

此外，根据涂层方法的不同，可以提高刀具的韧性，对断续切削也很有效。

⑤ 金属陶瓷刀具

这类刀具是由TiC或TiN等硬相材料和黏结剂组合而成的，比硬质合金材料具有更好的耐热开裂性和抗月牙洼磨损性，并且切削速度范围很广。有的具有较高的抗冲击性。

⑥ 陶瓷刀具

这类刀具是由细Al_2O_3、Si_3N_4等烧结而成的，虽然其抗冲击性不如传统刀具，但耐磨性和焊接性强，有些韧性也很好。

⑦ 烧结金刚石刀具

这类刀具是将金刚石微晶烧结在硬质合金基体材料上制成的。它的特点是耐磨性强，也可以加工陶瓷和硬质合金。

⑧ CBN刀具

这类刀具是在超高压和超高温的条件下，在硬质合金材料基体上硬化CBN（立方氮化硼）微晶而制成的，其硬度仅次于金刚石。几乎不发生热、化学反应，适用于切削硬质的铁基材料和耐热合金。

现在的刀具材料种类很多，但一般来说，硬质合金、陶瓷、金属陶瓷、CBN等硬质材料比高速钢更脆，刀具在切削过程中可能会因突然冲击或刀具磨损使切削阻力突然增大而断裂。

重要的是要充分了解各类刀具的特点，选择适合加工目的的刀具材料。

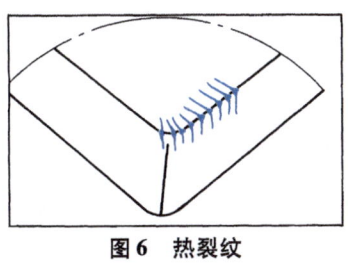

图6 热裂纹

图7 积屑瘤

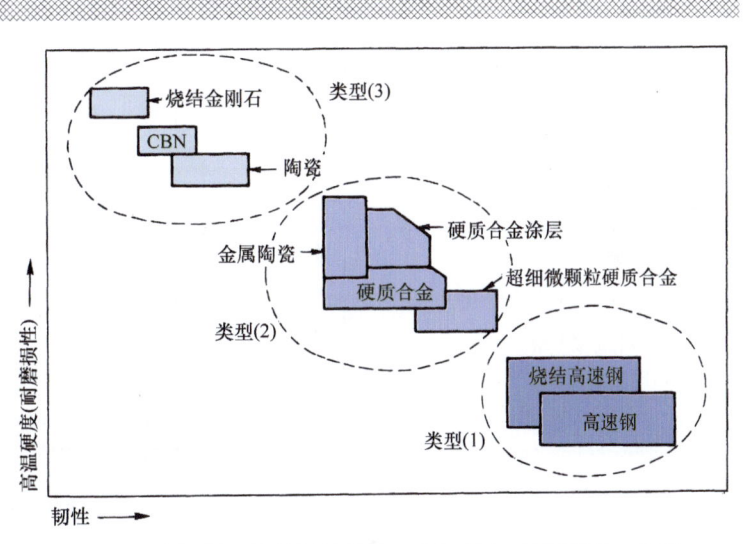

图8 各类切削刀具材料的特性、高温硬度（耐磨性）、韧性

JIS 钢铁·非铁金属材料牌号 （摘录）

就钢铁材料而言，分为"铁"和"钢"两大类，铁又分为"生铁""铁合金"和"铸铁"，钢又分为"普通钢""特殊钢"和"铸锻钢"。

普通钢按形状和用途分类，特殊钢按"韧性钢""工具钢"等性能分类，钢管按钢种和用途分类，不锈钢按形状分类。钢铁牌号也据此原则由以下3部分组成。

【例】　S　S　41（一般结构用轧钢、低碳钢）
　　　　①②③

①材料：用英文单词或罗马单词的首字母或元素符号表示。大部分的钢铁材料都是

1. 钢铁牌号的分类

分类	规格名称	牌号
铁合金	硼铁	FB
	铬铁	FCr
	锰铁	FMn
	钼铁	FMo
	铌铁	FNb
	镍铁	FNi
	磷铁	FP
	硅铁	FSi
	钛铁	FTi
	钒铁	FV
	钨铁	FW
	硅钙	CaSi
	金属铬	MCr
	金属锰	MMn
	金属硅	MSi
	硅锰	SiMn
	硅铬	SiCr
铸铁	灰铸铁件	FC
	球墨铸铁件	FCD
	黑心可锻铸铁件	FCMB
	白口可锻铸铁件	FCMW
	珠光体可锻铸铁件	FCMP
铸钢	碳素钢铸钢件	SC
	焊接构造用铸锻件	SCW
	焊接结构用离心力铸钢管	SCW-CF
	结构用高张力碳素钢及低合金钢铸钢件	{SCC SCMn SCSiMn SCMnCr SCMnM SCCrM SCMnCrM SCNCrM
	不锈钢铸钢件	SCS
	耐热钢铸钢件	SCH

（续）

分类	规格名称	牌号
铸钢	高锰钢铸钢件	SCMnH
	高温高压用铸钢件	SCPH
	高温高压用离心力铸钢管	SCPH-CP
	低温高压用铸钢件	SCPL
锻钢	碳素钢锻钢件	SF
	碳素钢锻钢件用钢片	SFB
	压力容器用调质型碳素钢及低合金钢锻钢件	SFV
	压力容器用调质型真空处理碳素钢及低合金钢锻钢件	SFVV
	高温压力容器零件用合金钢锻钢件	SFHV
	高温压力容器零件用不锈钢锻钢件	SUS-F
	铬钼钢锻钢件	SFCM
	镍铬钼钢锻钢件	SFNCM
钢管	配管用碳素钢钢管	SGP
	锅炉、热交换器用碳素钢钢管	STB
	锅炉、热交换器用合金钢钢管	STBA
	一般结构用碳素钢钢管	STK
	机械结构用碳素钢钢管	STKM
	结构用合金钢钢管	STKS
	结构用不锈钢钢管	SUS-TK
	一般结构用角形钢管	STKR
	配管用合金钢钢管	STPA
	压力配管用碳素钢钢管	STPG
	低温配管用钢管	STPL
	高温配管用碳素钢钢管	STPT
	高压配管用碳素钢钢管	STS
	锅炉、热交换器用不锈钢钢管	SUS-TB
	配管用不锈钢钢管	SUS-TP
机械结构用钢	机械结构用碳素钢钢材	S○○C
	铝铬钼钢钢材	SACM
	铬钼钢钢材	SCM
	铬钢钢材	SCr
	镍铬钢钢材	SNC
	镍铬钼钢钢材	SNCM
	机械结构用锰钢及铬锰钢钢材	{SMn SMnC

以 S（钢＝Steel）或 F（铁＝Ferrum）开头的。但也有例外，如 SiMn（硅锰）和 MCr（金属铬）等铁合金类。

② 标准或产品名称：大多以如下符号表示组别。

P（薄板：plate）、W（线材、线：wire）、B（棒材、棒：bar）、T（管：tube）、C（铸件：casting）、F（锻造：forging）、U（特殊用途：special use）、S（结构物：structure）、K（刀具：kogu）

③ 类型：表示材料型号编号、最小抗拉强度或应力。但是，对于机械结构用钢的情况，用主要合金元素符号和碳含量的组合来表示。

除了类型符号，有时也会将形状或制造方法符号化，如下所示。

形状：W（线）、CP（冷轧钢板）、HP（压延钢板）等。

制造方法：R（沸腾钢）、K（镇静钢）、S－H（热精加工无缝钢管）等。

此外，本表对用于切削加工的材料进行了汇总。

（续）

分类	规格名称	牌号
构造用钢	汽车结构用热轧钢板及钢带	SAPH
	研磨棒用一般钢材	SGD
	焊接结构用轧制钢材	SM
	焊接结构用耐候性热轧钢材	SMA
	高耐候轧制钢材	SPK－H / SPA－C
	再生钢材	SRB
	一般结构用轧制钢材	SS
	一般结构用轻量型钢	SSC
	一般结构用焊接轻量H型钢	SWH
	钢板桩	SY
工具钢	碳素工具钢	SK
	中空钢钢材	SKC
	合金工具钢	SKS / SKD / SKT
	高速工具钢钢材	SKH
特殊用途钢	硫磺易切削钢	SUM
	高碳铬轴承钢	SUJ
	弹簧钢钢材	SUP
不锈钢	不锈钢棒	SUS－B
	热轧不锈钢板	SUS－HP
	冷轧不锈钢板	SUS－CP
	热轧不锈钢带	SUS－HS
	冷轧不锈钢带	SUS－CS
	弹簧用不锈钢带	SUS－CSP
	不锈钢线材	SUS－WR
	焊接用不锈钢线材	SUS－Y
	不锈钢线	SUS－W
	弹簧用不锈钢线	SUS－WP
	冷轧不锈钢线	SUS－WS
	热轧等边不锈钢角钢	SUS－HA
耐热钢	耐热钢棒	SUHB
	耐热钢板	SUHP
薄钢板	冷轧钢板及钢带	SPCC / SPCCT / SPCD / SPCE / SPCEN

（续）

分类	规格名称	牌号
薄钢板	热轧低碳钢板及钢带	SPHC / SPHD / SPHE
	钢管用热轧碳素钢钢带	SPHT
超合金	耐蚀耐热超合金棒	NCF○○B
	耐蚀耐热超合金板	NCF○○P
	配管用无缝镍铬铁合金管	NCF○○TP
	热交换器用无缝镍铬铁合金管	NCF○○TB
磁性材料	永磁材料	MCA / MCB / MPA / MPB
	电磁软铁棒	SUYB
	电磁软铁板	SUYP
	冷轧硅钢带	S○○
	方向性硅钢带	G○○
	小型电动机用磁性钢带	S○○
	磁极用钢板	P○○

2. 非铁金属牌号的分类

分类	规格名称	牌号
伸铜品	铜及铜合金的板及条	C○○○○P / C○○○○PP / C○○○○R
	铜及铜合金棒	C○○○○BD / C○○○○BDS / C○○○○BE / C○○○○BF

(续)

分类	规格名称	牌号
铝及其合金的拉伸产品	铝及铝合金的板和条	A○○○○P
		A○○○○PC
	铝及铝合金的棒和线	A○○○○BE
		A○○○○BES
		A○○○○BD
		A○○○○BDS
		A○○○○W
		A○○○○WS
	铝及铝合金挤压型材	A○○○○S
	铝及铝合金锻件	A○○○○FD
		A○○○○FH
铜、铝以外的金属及其合金	镁合金板	MP
	镁合金棒	MB
	镁合金挤压型材	MS
	镍铜合金板	NCuP
	镍铜合金棒	NCuB
	钛棒	TB
铸物	黄铜铸件	YBsC
	高强度黄铜铸件	YBsC
	青铜铸件	BC
	磷青铜铸件	PBC
	铝青铜铸件	AlBC
	铝合金铸件	AC
	铝合金铸件	MC
	锌合金压铸	ZDC
	铝合金压铸	ADC
	镁合金压铸	MDC
	白色金属	WJ
	轴承用铝合金铸件	AJ
	轴承用铜、铅合金铸件	KJ

3. 主要钢铁材料牌号

分类	规格名称	牌号
机械结构用钢	机械结构用碳素钢钢材	S10C
		S12C
		S15C
		S17C
		S20C
		S22C
		S25C
		S28C
		S30C
		S33C
		S35C
		S38C
		S40C
		S43C
		S45C

(续)

分类	规格名称	牌号
机械结构用钢	机械机构用碳素钢钢材	S48C
		S50C
		S53C
		S55C
		S58C
		S09CK
		S15CK
		S20CK
	镍铬钢钢材	SNC236
		SNC415
		SNC631
		SNC815
		SNC836
	镍铬钼钢钢材	SNCM220
		SNCM240
		SNCM415
		SNCM420
		SNCM431
		SNCM439
		SNCM447
		SNCM616
		SNCM625
		SNCM630
		SNCM815
	铬钢钢材	SCr415
		SCr420
		SCr430
		SCr435
		SCr440
		SCr445
	铬钼钢钢材	SCM415
		SCM418
		SCM420
		SCM421
		SCM420
		SCM432
		SCM435
		SCM440
		SCM445
		SCM822
	机械结构用锰钢钢材及锰铬钢钢材	SMn420
		SMn433
		SMn438
		SMn443
		SMnC420
		SMnC443
	铝铬钼钢钢材	SACM645
特殊用途钢 工具钢	碳素工具钢钢材	SK1
		SK2
		SK3
		SK4
		SK5
		SK6
		SK7

(续)

分类		规格名称	牌号
特殊用途钢	工具钢	高速工具钢材钨系	SKH2
			SKH3
			SKH4
			SKH10
		高速工具钢材钼系	SKH51
			SKH52
			SKH53
			SKH54
			SKH55
			SKH56
			SKH57
			SKH58
			SKH59
		合金工具钢钢材	SKS1
			SKS2
			SKS3
			SKS4
			SKS5
			SKS7
			SKS8
			SKS11
			SKS21
			SKS31
			SKS41
			SKS42
			SKS43
			SKS44
			SKS51
			SKS93
			SKS94
			SKS95
			SKD1
			SKD11

分类		牌号
特殊用途钢	不锈钢（耐热钢）	
	奥氏体系	SUS201
		SUS202
		SUS301
		SUS301JL
		SUS302
		SUS302B
		SUS303
		SUS303Se
		SUS304
		SUS304L
		SUS304N1
		SUS304N2
		SUS304LN
		SUS305
		SUS305J1
		SUS308
		SUS309S
		SUS310S
		SUS316
		SUS316L
		SUS316N
		SUS316LN
		SUS316J1
		SUS316J1L
		SUS317
		SUS317L

(续)

分类		牌号
特殊用途钢	不锈钢（耐热钢）	
	奥氏体系	SUS317J1
		SUS321
		SUS347
		SUS384
		SUSXM7
		SUSXM15J1
	奥氏体、铁素体系	SUS329J1
	铁素体系	SUS405
		SUS410L
		SUS429
		SUS430
		SUS430F
		SUS430LX
		SUS434
		SUS436L
		SUS444
		SUS447J1
		SUSXM27
	马氏体系	SUS403
		SUS410
		SUS410S
		SUS410J1
		SUS416
		SUS420J1
		SUS420J2
		SUS420F
		SUS429J1
		SUS431
		SUS440A
		SUS440B
		SUS440C
		SUS440F
	析出硬化系	SUS630
		SUS631
耐热钢	奥氏体系	SUH31
		SUH35
		SUH36
		SUH37
		SUH38
		SUH309
		SUH310
		SUH330
		SUH660
		SUH661
	铁素体系	SUH21
		SUH409
		SUH446
	马氏体系	SUH1
		SUH3
		SUH4
		SUH11
		SUH600
		SUH616

硬度换算表 （摘自 JIS 日本钢铁标准手册《钢铁》）

本表列出了布氏硬度（HBW）、维氏硬度（HV）、洛氏硬度（HR~）和肖氏硬度（HS）试验所得硬度值的近似换算值和近似抗拉强度。

之所以得到的结果是近似值，是因为各试验方法不同，材料尺寸、质量、化学

布氏硬度 HBW 10mm 球 载荷 3000kgf		维氏硬度 HV	洛氏硬度 HR				肖氏硬度 HS	抗拉强度（近似值）/（kgf/mm²）（N/mm²）
标准球	硬质合金球		A 标尺 载荷 60kgf 金刚石圆锥形压头	B 标尺 载荷 100kgf 径 1/16in 球	C 标尺 载荷 150kgf 金刚石圆锥形压头	D 标尺 载荷 100kgf 金刚石圆锥形压头		
—	—	940	85.6	—	68.0	76.9	97	—
—	—	920	85.3	—	67.5	76.5	96	—
—	—	900	85.0	—	67.0	76.1	95	—
—	767	880	84.7	—	66.4	75.7	93	—
—	757	860	84.4	—	65.9	75.3	92	—
—	745	840	84.1	—	65.3	74.8	91	—
—	733	820	83.8	—	64.7	74.3	90	—
—	722	800	83.4	—	64.0	73.8	88	—
—	712	—	—	—	—	—	—	—
—	710	780	83.0	—	63.3	73.3	87	—
—	698	760	82.6	—	62.5	72.6	86	—
—	684	740	82.2	—	61.8	72.1	—	—
—	682	737	82.2	—	61.7	72.0	84	—
—	670	720	81.8	—	61.0	71.5	83	—
—	656	700	81.3	—	60.1	70.8	—	—
—	653	697	81.2	—	60.0	70.7	81	—
—	647	690	81.1	—	59.7	70.5	—	—
—	638	680	80.8	—	59.2	70.1	80	—
—	630	670	80.6	—	58.8	69.8	—	—
—	627	667	80.5	—	58.7	69.7	79	—
—	—	677	80.7	—	59.1	70.0	—	—
—	601	640	79.8	—	57.3	68.7	77	—
—	578	615	79.1	—	56.0	67.7	75	—
—	—	607	78.8	—	55.6	67.4	—	—
—	555	591	78.4	—	54.7	66.7	73	210（2095）
—	—	579	78.0	—	54.0	66.1	—	205（5010）
—	534	569	77.8	—	53.5	65.8	71	202（1981）
—	—	553	77.1	—	52.5	65.0	—	195（1912）
—	514	547	76.9	—	52.1	64.7	70	193（1893）
495	—	539	76.7	—	51.6	64.3	—	189（1854）
—	—	530	76.4	—	51.1	63.9	—	186（1824）
—	496	528	76.3	—	51.0	63.8	68	186（1824）
477	—	516	75.9	—	50.3	63.2	—	181（1775）
—	477	508	75.6	—	49.6	62.7	66	177（1736）
461	—	495	75.1	—	48.8	61.9	—	172（1687）
—	461	491	74.9	—	48.5	61.7	65	170（1667）
444	—	474	74.3	—	47.2	61.0	—	162（1589）
—	444	472	74.2	—	47.1	60.8	—	162（1589）
429	429	455	73.4	—	45.7	59.7	61	154（1510）
415	415	440	72.8	—	44.5	58.8	59	149（1461）
401	401	425	72.0	—	43.1	57.8	58	142（1392）
388	388	410	71.4	—	41.8	56.8	56	136（1334）
375	375	396	70.6	—	40.4	55.7	54	129（1265）

成分、热处理方法等方面也不同，无法表示出确切的关系。

表中的数值基本上都是来自对热处理碳素钢和合金钢的广泛测试。

但是，表中的数值也可用于所有经回火、退火、淬火处理后的均匀的结构合金钢和工具钢。

注：

1) HB、HV、HRA、HRC、HRD 的数值基于 ASTM E 140 的表3。

2) HR~的（）内的数值不常用。

3) 抗拉强度的近似值根据 JIS Z 8413 以及 JIS Z 8438 的换算表换算而成。（）内的数值以及单位参考国际单位系列（SI），一并写出以做参考（1N/mm² = 1MPa）。

（续）

布氏硬度 HBW 10mm 球 载荷 3000kgf		维氏硬度 HV	洛氏硬度 HR				肖氏硬度 HS	抗拉强度（近似值）/（kgf/mm²）（N/mm²）
标准球	硬质合金球		A 标尺 载荷 60kgf 金刚石圆锥形压头	B 标尺 载荷 100kgf 径 1/16in 球	C 标尺 载荷 150kgf 金刚石圆锥形压头	D 标尺 载荷 100kgf 金刚石圆锥形压头		
363	363	383	70.0	—	39.1	54.6	52	124 (1216)
352	352	372	69.3	(110.0)	37.9	53.8	51	120 (1177)
341	341	360	68.7	(109.0)	36.6	52.8	50	115 (1128)
331	331	350	68.1	(108.5)	35.5	51.9	48	112 (1098)
321	321	339	67.5	(108.0)	34.3	51.0	47	108 (1059)
311	311	328	66.9	(107.5)	33.1	50.0	46	105 (1030)
302	302	319	66.3	(107.0)	32.1	49.3	45	103 (1010)
293	293	309	65.7	(106.0)	30.9	48.3	43	99 (971)
285	285	301	65.3	(105.5)	29.9	47.6	—	97 (951)
277	277	292	64.6	(104.5)	28.8	46.7	41	94 (922)
269	269	284	64.1	(104.0)	27.6	45.9	40	91 (892)
262	262	276	63.6	(103.0)	26.6	45.0	39	89 (873)
255	255	269	63.0	(102.0)	25.4	44.2	38	86 (843)
248	248	261	62.5	(101.0)	24.2	43.2	37	84 (824)
241	241	253	61.5	100.0	22.8	42.0	36	82 (804)
235	235	247	61.4	99.0	21.7	41.4	35	80 (785)
229	229	241	60.8	98.2	20.5	40.5	34	78 (765)
223	223	234	—	97.3	(18.8)	—	—	—
217	217	228	—	96.4	(17.5)	—	33	74 (726)
212	212	222	—	95.5	(16.0)	—	72	72 (706)
207	207	218	—	94.6	(15.2)	—	32	70 (686)
201	201	212	—	93.8	(13.8)	—	31	69 (677)
197	197	207	—	92.8	(12.7)	—	30	67 (657)
192	192	202	—	91.9	(11.5)	—	29	65 (637)
187	187	196	—	90.7	(10.0)	—	—	63 (618)
183	183	192	—	90.0	(9.0)	—	28	63 (618)
179	179	188	—	89.0	(8.0)	—	27	61 (598)
174	174	182	—	87.8	(6.4)	—	—	60 (588)
170	170	178	—	86.8	(5.4)	—	26	58 (569)
167	167	175	—	86.0	(4.4)	—	—	57 (559)
163	163	171	—	85.0	(3.3)	—	25	56 (549)
156	156	163	—	82.9	(0.9)	—	—	53 (520)
149	149	156	—	80.8	—	—	23	51 (500)
143	143	150	—	78.7	—	—	22	50 (490)
137	137	143	—	76.4	—	—	21	47 (461)
131	131	137	—	74.0	—	—	—	46 (451)
126	126	132	—	72.0	—	—	20	44 (431)
121	121	127	—	69.8	—	—	19	42 (412)
116	116	122	—	67.6	—	—	18	41 (402)
111	111	117	—	65.7	—	—	15	39 (382)

不同工件材料选择适用的刀具

本表是从主要刀具制造企业的产品目录中摘录的，内容是刀具企业针对每种工件材料推荐的刀具材料及标准切削条件。工件材料的名称与各刀具企业产品目录中的名称相同。此外，

东芝泰珂洛

- 硬质合金　　　P 类：TX10D、TX10S、TX20、TX25、TX30、TX40、UX25、UX30
　　　　　　　　M 类：TU10、TU20、TU40
　　　　　　　　K 类：TH03、TH10、G1F、G2F、G2、G3
　　　　　　　超微粒子：F、M、EM10、UM、H
　　　　　　耐磨损用、V 类：D10、D20、D25、D30、D40、D50、D60
- 涂层　　　　　Al_2O_3 系：T821、T822、T823（高速切削用）
　　　　　　　　　　　　T801、T802、T803（一般用）
　　　　　　　　　　　　T813（高韧性）、T313V（特殊用）
　　　　　　　　TiC 系：T553、T370
　　　　　　　　TiCN 系：T530、T530G
　　　　　　　　TiN 系：T221、PG2、T260、PK56、PEM
- 金属陶瓷　　　TiC 系：X407
　　　　　　TiC 系、TiN 系：N302、N308、N350、NS540
- 陶瓷　　　　　Al_2O_3 系：LXA、VX10、LX21
　　　　　　　　Si_3N_4 系：FX920
- 烧结金刚石　　　：DX180、DX160、DX140、DX120
- CBN　　　　　　：BZN、BX290、BX270

●车削

工件材料	加工内容	刀具材料	切削速度/(m/min)	进给速度/(mm/r)	切削深度/mm
低碳钢 S10、SS41、SCM415、 SCr 420、SPHC、SPCC （150HBW 以下）	精加工	N308	100~250	0.03~0.15	0.05~0.5
	精切削	N308	100~250	0.1~0.25	0.5~12.0
	半切削	T823	100~250	0.2~0.4	1.0~4.0
	半重切削	T813	100~170	0.3~0.6	3.0~6.0
	重切削	T813	100~140	0.6~1.2	4.0~12.0
	一般切削	TX10S	150~300	≤0.3	0.1~5.0
	一般切削	TX20	120~250	≤0.5	0.1~10.0
	一般切削	TX25	100~200	≤0.8	0.1~15.0
中碳钢 S45C、SCM440 （150~300HBW）	精加工	N308	40~200	0.03~0.15	0.05~0.5
	精切削	N308	40~180	0.1~0.25	0.5~2.0
	半切削	T822	150~230	0.2~0.4	1.0~4.0
	半重切削	T813	80~150	0.3~0.6	3.0~6.0
	重切削	T813	80~120	0.6~1.2	4.0~12.0
	一般切削	TX10S	120~250	≤0.3	≤3.0
	一般切削	TX20	100~220	≤0.4	≤5.0
	一般切削	TX25	80~200	≤0.5	≤8.0
高碳钢 SNCM439（300~500HBW）	精加工	N302	40~200	0.03~0.15	0.05~0.5
	精切削	N302	40~150	0.1~0.25	0.5~2.0
	半切削	T822	150~210	0.2~0.4	1.0~4.0

材料种类与刀具企业推荐的切削条件

对于车削、铣削加工，未提及安装各类刀片的刀架类型。而关于切削液的使用等更多细节，请直接咨询刀具企业。

（续）

工件材料	加工内容	刀具材料	切削速度/(m/min)	进给速度/(mm/r)	切削深度/mm
高碳钢 SNCM439（300~500HBW）	半重切削	T813	80~130	0.3~0.6	3.0~6.0
	重切削	T813	70~110	0.6~1.2	4.0~12.0
	一般切削	TX10S	40~150	≤0.3	≤1.0
	一般切削	TX20	30~120	≤0.4	≤1.0
	一般切削	TX25	30~100	≤0.6	≤1.0
不锈钢 SUS304、SUS403	精加工	N308	100~130	0.03~0.15	0.05~0.5
	精切削	T260	80~120	0.1~0.25	0.5~2.0
	半切削	T260	80~120	0.2~0.4	1.0~4.0
	半重切削	T803	90~110	0.3~0.6	3.0~6.0
	重切削	T803	60~100	0.6~1.2	4.0~12.0
淬火钢 SKD11、SKH9（HRC45以上）	精加工	BX270	100~200	0.05~0.15	0.1~0.2
	精切削	LX10	50~150	0.05~0.1	0.1~0.5
普通铸铁 FC25	精加工	LX21	150~600	0.03~0.15	0.05~0.5
	精切削	T821	150~300	0.1~0.25	0.5~2.0
	半切削	T822	150~280	0.2~0.4	1.0~4.0
	半重切削	T802	130~180	0.3~0.6	3.0~6.0
	重切削	T802	80~150	0.6~1.2	4.0~12.0
	一般切削	TH03	80~200	≤0.2	0.1~3.0
	一般切削	TH10	60~180	≤0.4	0.5~15.0
	一般切削	BX290	300~500	0.05~0.20	0.1~0.5
铝、铜合金 （Si10%以下）	精加工	TH10	500~1000	0.03~0.15	0.05~0.5
	精切削	T221	400~700	0.1~0.25	0.5~2.0
	精切削	DX140	300~2500	0.05~0.15	0.05~1.0
	半切削	T221	200~500	0.2~0.4	1.0~4.0
耐热合金、钛合金、 铬镍铁合金、哈氏合金	精加工	TH10	10~60	0.03~0.15	0.05~0.5
	精切削	TH10	10~50	0.1~0.25	0.5~2.0
	半切削	TH10	10~50	0.2~0.4	1.0~4.0
	一般切削	BZN	100~200	0.05~0.15	0.1~1.02

● 铣削加工

工件材料	加工内容	刀具材料	切削速度/(m/min)	进给速度/(mm/r)	切削深度/mm
低碳钢	一般切削	N308、NS540、UX30	140~170	0.1~0.25	—
	轻、半切削	N308、NS540、UX30	140~170	0.1~0.25	—
	精切削	N308	170~190	0.2~0.25	1.0<
	精切削	N308	170~190	0.25~0.45	0.2~0.9
	精切削	N308	170~190	0.35~0.6	<0.1

133

不同工件材料选择适用的刀具材料种类与刀具企业推荐的切削条件

（续）

工件材料	加工内容	刀具材料	切削速度/(m/min)	进给速度/(mm/r)	切削深度/mm
低碳钢	高进给切削	N308、NS540	120~150	0.1~0.3	
	半、重切削	N308、NS540	120~150	0.15~0.3	
	直角方肩切削	N308	120~150	0.1~0.3	
	直角方肩切削	UX30	100~130	0.1~0.2	
	重切削	UX30	100~150	0.2~0.5	
	超精切削	X407	260~300	<6	<0.1
碳素钢	一般切削	T370、N308、NS540、UX30	120~150	0.1~0.25	
	精切削	N308	140~160	0.2~0.25	<1.0
	精切削	N308	140~160	0.25~0.45	0.2~0.9
	精切削	N308	140~160	0.35~0.6	<0.1
	高进给切削	N308、NS540、UX30	100~130	0.1~0.3	
	超精切削	X407	120~180	<6	<0.1
合金钢	一般切削	T370、N308、NS540、UX30	120~150	0.1~0.25	
	精切削	N308	140~160	0.2~0.25	<1.0
	精切削	N308	140~160	0.25~0.45	0.2~0.9
	精切削	N308	140~160	0.35~0.6	<0.1
	高进给切削	N308、NS540、UX30	80~120	0.1~0.25	
	超精切削	X407	120~180	<6	<0.1
模具钢（40~50HRC）	一般切削	UX30	60~80	0.1~0.15	
	一般切削	NS540、UX30	60~80	0.1~0.2	
不锈钢	一般切削	T260、UX30	120~150	0.15~0.25	
	精切削	N308	170~190	0.15~0.25	<1.0
	精切削	N308	170~190	0.2~0.4	0.2~0.9
	精切削	N308	170~190	0.35~0.5	<0.1
	高进给切削	T260、UX30	140~180	0.2~0.3	
	直角方肩切削	T260、TU40	70~90	0.05~0.1	
	精切削	N308	160~190	<4	<0.1
铸铁	一般切削	T370、TH10、UX30	80~100	0.1~0.25	
	精切削	TH10	100~130	0.15~0.2	<1.0
	精切削	TH10	100~130	0.25~0.5	0.2~0.9
	精切削	TH10	100~130	0.3~0.6	<0.3
	半、重切削	T370、NS540、TH10	90~110	0.1~0.3	
	超精切削	TU10	100~150	<6	<0.1
铝合金（Si10%以下）	一般切削	TH10	500~1000	0.1~0.2	
	直角方肩切削	TH10	500~800	0.05~0.3	
铝合金（Si10%以上）	一般切削	TH10	200~500	0.1~0.2	
	轻切削	TH10	200~500	0.05~0.2	
	直角方肩切削	TH10	200~500	0.05~0.3	

住友电气工业

- 硬质合金　　P类：ST10P、ST20E、A30、A30N、ST30E、ST40E
  　　　　　　M类：U10E、U2、A30、A40
  　　　　　　K类：H2、H1、H10E、G10E
  　　　　　　超微粒子：AF1、F0、F1、A1、CC
- 涂层　　　　Al_2O_3系：AC105、AC05、AC10G、AC10、AC15、AC25
  　　　　　　TiC系：AC720
  　　　　　　TiCN系：AC815
  　　　　　　铣削用：AC330、AC325、AC305、AC211
- 高速钢　　　　　　　：GA8
- 金属陶瓷　　TiC系：T05A、T110A、T12A、T130A
- 陶瓷　　　　Al_2O_3系：B90S、NB90S、NB90M、W80
  　　　　　　Si_3N_4系：NS130
- 烧结金刚石　　　　：DA090、DA100、DA150、DA200
- CBN　　　　　　　：BN100、BN200、BN300、BNX3、BNX4

● 车削

工件材料	加工内容	刀具材料	切削速度/(m/min)	进给速度/(mm/r)	切削深度/mm
一般钢、合金钢	微切削	T130A	100~200(120~150)	0.05~0.35(0.07~0.3)	0.2~1.5(0.3~0.8)
S45C、SCM435等 (220~300HBW)	轻切削	T130A	100~200(120~150)	0.1~0.25(0.15~0.2)	0.5~2.5(0.8~2.0)
	半切削	AC10	80~200(120~150)	0.2~0.45(0.25~0.4)	0.5~5(1~3)
	粗切削	AC25	80~200(120~150)	0.3~0.6(0.35~0.5)	1~6(2~4)
	重切削	AC25	60~150(80~120)	0.35~0.8(0.4~0.6)	1.5~8(2~6)
低碳钢、合金钢	微切削	T130A	150~300(180~250)	0.05~0.3(0.1~0.25)	0.2~1.5(0.3~0.8)
SS41、SCM415、SCr420 (130~220HBW)	轻切削	T110A	150~300(180~250)	0.12~0.3(0.18~0.25)	0.5~2.5(0.8~2)
	半切削	T130A	100~250(150~200)	0.15~0.4(0.2~0.3)	0.5~4(1~3)
	粗切削	AC25	100~250(150~200)	0.15~0.4(0.2~0.3)	0.5~5(1~3)
	重切削	AC25	80~200(120~150)	0.35~0.7(0.4~0.6)	1~6(2~4)
不锈钢 SUS304	微切削	T130A	120~200(150~180)	0.05~0.3(0.1~0.2)	0.2~1.5(0.3~0.8)
	轻切削	T130A	120~200(150~180)	0.1~0.25(0.15~0.2)	0.5~2.5(1~2)
	半切削	AC25	60~170(80~150)	0.1~0.4(0.2~0.3)	1~4(1.5~3)
	重切削	AC25	60~140(80~120)	0.2~0.7(0.35~0.6)	1.5~8(2~6)
模具钢 SKD11 (25HRC以下)	轻切削	T110A	100~180(120~150)	0.1~0.3(0.15~0.25)	0.5~2.5(1~2)
	半切削	AC10	80~180(100~140)	0.2~0.45(0.25~0.4)	0.5~5(1~3)
	重切削	AC25	60~140(80~120)	0.35~0.8(0.4~0.6)	1.5~8(2~6)
淬火钢 SCM415 (45HRC以上)	轻切削	BN200、BN300	70~150(100~120)	0.05~0.2(0.07~0.15)	0.05~0.5(0.1~0.3)
	轻切削	NB90S	40~120(50~80)	0.03~0.15(0.05~0.1)	0.1~1(0.2~0.5)
普通铸铁 FC25 (250HBW以下)	轻切削	NB90S	200~500(300~400)	0.05~0.3(0.07~0.15)	0.1~2(0.2~0.5)
	轻切削	T110A	100~250(150~200)	0.05~0.3(0.1~0.2)	0.1~2(0.5~1.5)
	半切削	AC105	100~300(150~250)	0.1~0.5(0.25~0.45)	1~5(1.5~4)
球墨铸铁 FCD45 (150~250HBW)	轻切削	NB90S	150~400(200~300)	0.05~0.3(0.07~0.15)	0.1~2(0.2~0.5)
	轻切削	T110A	80~250(130~180)	0.05~0.3(0.1~0.2)	0.1~2(0.5~1.5)
	半切削	AC105	80~250(100~180)	0.15~0.5(0.2~0.35)	1~5(2~4)
铝合金 ADC12等	一般切削	DA150	200<	0.05~0.2(0.1~0.15)	0.1~3(0.2~1.5)
	一般切削	G10E	100~400(150~250)	0.1~0.4(0.2~0.3)	1~4(2~3)

注：( )内为最合适的切削条件。

不同工件材料选择适用的刀具材料种类与刀具企业推荐的切削条件

（续）

工件材料	加工内容	刀具材料	切削速度/(m/min)	进给速度/(mm/r)	切削深度/mm
普通钢 S45C	一般切削	T130A	100~250	0.15~0.3	<6
	一般切削	A30N	100~160	0.2~0.4	<8
	加工中心加工	T130A	160~250	0.1~0.2	<5（<7）
	高进给切削	A30N	100~150	0.1~0.25	<3（<5）
	倒角切削	A30N	80~150	0.1~0.25	<7
	超精加工	T12A	150~200	<6	<0.1
低碳钢 SS41	一般切削	T130A	125~300	0.15~0.3	<6
	一般切削	A30N	125~200	0.2~0.4	<8
	加工中心加工	T130A	160~300	0.1~0.25	<5（<7）
	高进给	A30N	120~180	0.1~0.25	<3
	倒角切削	T130A	100~150	0.1~0.2	<7
	超精加工	T12A	160~220	<6	<0.1
不锈钢 SUS304	一般切削	A330、T130A	160~220	0.15~0.3	<6
	加工中心加工	A30N、AC325	160~200	0.1~0.3	<5（<7）
	高进给	A30N	120~180	0.1~0.25	<3
	倒角切削	A30N	100~150	0.1~0.25	<7
模具钢 SKD11	一般切削	AC330、T130A	80~200	0.15~0.25	<6
	一般切削	A30N、AC330	80~120	0.15~0.3	<8
	高进给	A30N	80~120	0.1~0.25	<3
	倒角切削	A30N	60~100	0.1~0.2	<5
	超精加工	T12A	120~180	<3	<0.1
铸铁 FC25	一般切削	AC211、G10E	60~250	0.15~0.3	<6
	一般切削	NB90M	150~300	0.1~0.3	<4
	加工中心加工	G10E	80~120	0.1~0.3	<5（<7）
	高进给	AC211、C10E	70~250	0.1~0.3	<4
	倒角切削	G10E	60~120	0.1~0.25	<10
	超精加工	NB90M	300~400	<4	<0.1
铝合金 ADC12	一般切削	HI、DA150	400<	0.1~0.3	<4（<8）
	加工中心加工	G10E	400<	0.1~0.3	<5（<7）
	倒角切削	H1、DA150	200~400	0.1~0.3	<8
	倒角切削	G10E	400<	0.1~0.25	<8

注：( ) 内为最大切削深度的条件。

三菱综合材料

- 硬质合金　　　　P 类：STi10、STi10T、STi20、STi25、STi30、STi40T
  　　　　　　　　K 类：UTi10T、UTi20T、UTi40T、HTi40T、HTi03A、HTi05T、
  　　　　　　　　　　　HTi10T、HTi20T、HTi20
  　　　　　　　　超微粒子：UF20、UF30
  　　　　　　　　耐磨损用：GTi05、GTi10、GTi15、GTi20、GTi30、GTi35、GTi40、
  　　　　　　　　　　　　GTi30S、GTi40S、GTi50S、GTi30C、GTi40C、GTi50C

- 涂层　　　　Al_2O_3 系、TiCN 系：U505、U510、U610、U625、U66、U615、U77、U88
  　　　　　　铣削用：F515
  　　　　　　Ti 系：UP20M、UP10M

- 金属陶瓷　　　　　　　：NX22、NX33、NX55、NX99
- 陶瓷　　　　Al_2O_3 系：XD3
  　　　　　　Si_3N_4 系：XE9

- 烧结金刚石
  　　　　　　　　　　　：MDC
- CBN　　　　　　　　　：MBC、MBX

● 车削

工件材料	加工内容	刀具材料	切削速度/(m/min)	进给速度/(mm/r)	切削深度/mm
低碳钢 （150HBW 以下）	轻切削	NX33	200～300	0.1	0.5～1.0
	半切削	U610	150～250	0.4	1～6
	半、重切削	U610	100～200	0.6	4～9
碳素钢、合金钢 （200～300HBW）	轻切削	NX55	150～250	0.1	0.5～1.0
	半切削	U610	120～220	0.4	1～6
	半、重切削	U625	100～200	0.6	4～9
碳素钢，合金钢 （30～40HRC）	轻切削	U610	80～120	0.1	0.5～1.0
	半切削	U610	60～80	0.3	1～4
不锈钢 SUS304、316	一般切削	U610	120～160	0.3	1～4
高锰钢（200HBW）	一般切削	UP20M	60～100	0.3	1～4
模具钢、高速钢 （250～280HBW） （40～50HRCW）	一般切削	U610	60～80	0.3	1～4
	一般切削	U66	30～40	0.2	1～3
灰铸铁	一般切削	U505	150～250	0.4	1～6
球墨铸铁（50kg/mm² 以下）	一般切削	U505	150～250	0.4	1～6
（50kg/mm² 以上）	一般切削	U510	100～200	0.4	1～6
可锻铸铁	一般切削	U510	100～180	0.4	1～6
冷硬铸铁	一般切削	HTi05T	5～15	0.2	1～3
纯钛（200HBW 以下）	一般切削	HTi10	100～120	0.2	1～5
钛合金（350HBW 以下）	一般切削	HTi10	25～60	0.2	1～5
镍合金 （铬镍铁合金、镍基高温合金）	一般切削	HTi20T	30～40	0.2	1～3
司太立合金（35HRC 以下）	一般切削	HTi10	25～35	0.1	1～2
铝合金	一般切削	HTi10	400～800	0.4	1～6
铜合金	一般切削	HTi10	150～300	0.4	1～6
铁系烧结合金	一般切削	HTi05T	80～150	0.2	1～4

不同工件材料选择适用的刀具材料种类与刀具企业推荐的切削条件

●铣削加工

工件材料	加工内容	刀具材料	切削速度/(m/min)	进给速度/(mm/r)	切削深度/mm
低碳钢	一般切削	NX55	160~250	0.2	1~5
碳素钢、合金钢(200~300HBW)	一般切削	UTi20T	100~160	0.2	1~5
(30~40HRC)	一般切削	UTi20T	50~100	0.2	1~4
不锈钢 SUS304	一般切削	UTi20T	160~220	0.2	1~5
高锰钢（200HBW）	一般切削	UTi20T	60~100	0.2	1~4
模具钢、高速度钢(250~280HBW)	一般切削	UTi20T	70~100	0.2	1~4
(40~50HRC)	一般切削	HTi10	20~40	0.1	1~3
灰铸铁	一般切削	F515	100~200	0.2	1~5
球墨铸铁	一般切削	F515	80~150	0.2	1~5
可锻铸铁	一般切削	F515	80~150	0.2	1~5
纯钛	一般切削	HiT10	120~140	0.2	1~4
钛合金（350HBW 以下）	一般切削	HiT10	30~60	0.2	1~4
镍合金	一般切削	HiT10	20~40	0.2	1~4
司太立合金	一般切削	HiT10	30~40	0.2	1~3
铝合金	一般切削	HiT10	500~1000	0.2	1~5
铜合金	一般切削	HiT10	200~400	0.2	1~5

日本特殊陶业

- 涂层　　　　　Al_2O_3 系：CP2
- 金属陶瓷　TiN 系、TiC 系：T3N、T4N、T15
　　　　　　　N-TiN 系：N20、N40
- 陶瓷　　　　　Al_2O_3 系：CX3、HC1
　　　　　　　Al_2O_3 系、TiC 系：HC2
　　　　　　　Si_3N_4 系：SP4、SX8
　　　　　　　TiC 系：HC6
- CBN　　　　　：B20

●车削/铣削加工

工件材料	加工内容	刀具材料	切削速度/(m/min)	进给速度/(mm/r)	切削深度/mm
碳素钢 S15C（130HBW）	一般切削	CX3、HC1	~800	进给速度 ● T3N ($f×t<0.3$) ● T15 ($f×t<0.6$) ● N40 ($f×t<1.2$) 硬度小于300HBW时	~0.5
		T3N	~300		~0.5
		T15、T4N	~280		~2.0
		N20、N40	~200		~4.0
碳素钢 S50C（240HBW）	一般切削	T3N	~250		~0.5
		T15、T4N	~200		~1.5
		N20、N40	~150		~3.0
合金钢 SCr、SCM、SNCM（62HRC）	一般切削	HC2	~120		~0.5
		HC2	~80		~2.0
合金钢 SCr、SCM、SNCM（260HBW）	一般切削	T3N	~250		~0.5
		T15、T4N	~230		~1.5
		N20、N40	~150		~3.0

（续）

工件材料	加工内容	刀具材料	切削速度/(m/min)	进给速度/(mm/r)	切削深度/mm
合金钢 SCr、SCM、SNCM（300HBW）	一般切削	T3N	~180		~0.5
		T15、T4N	~180		~1.5
		N20、N40	~120		~3.0
工具钢 SK、SKD、SKH（280HBW）	一般切削	T3N	~200		~0.5
		T15、T4N	~180		~1.5
		N20、N40	~120		~3.0
工具钢 SK、SKD、SKH（50HRC）	一般切削	HC2	~200		~0.5
		HC2	~160		~3.0
工具钢 SK、SKD、SKH（63HRC）	一般切削	HC2	~100		~0.5
		HC2	~60		~2.0
不锈钢 SUS304	一般切削	T15、T4N	~250		~0.5
		T15、T4N	~200		~2.0
		N20、N40	~120		~4.0
铬镍铁合金718（超耐热钢）	一般切削	HC2	~300	进给速度 • T3N($f \times t < 0.3$) • T15($f \times t < 0.6$) • N40($f \times t < 1.2$) • SP4($f \times t < 1.5$) • SX8($f \times t < 1.6$) 硬度小于300HBW时	~0.5
		SP4	~250		~3.0
普通铸铁 FC20（180HBW）	一般切削	CX3、HC1	~1000		~0.5
		CX3、HC1	~800		~2.0
	铣削加工	SX8	~800		~0.5
普通铸铁 FC25（220HBW）	一般切削	CX3、HC1	~1000		~0.5
		CX3、HC1	~800		~2.0
		SX8	~800		~0.5
球墨铸铁 FCD45（180HBW）	铣削加工	HC6	~400		~0.5
	一般切削	HC6	~400		~2.0
		T15、T4N	~250		~0.5
		T15、T4N	~200		~2.0
球墨铸铁 FCD60（250HBW）	一般切削	HC6	~300		~0.5
		HC6	~300		~2.0
		T15、T4N	~150		~0.5
		T15、T4N	~150		~2.0
合金铸铁	一般切削	HC2	~500		~0.5
		HC2	~500		~2.0
冷硬铸铁 （52HRC）	一般切削	HC2	~200		~0.5
		HC2	~150		~3.0

不同工件材料选择适用的刀具材料种类与刀具企业推荐的切削条件

山特维克

- 硬质合金　　　　P类：S1P、S6、S10T、S30T、SMA、SM30、R4、S2、S6
  　　　　　　　　K类：H10、HM、H13A、H1P、SMA
  　　　　　　　　M类：S1P、R4、S6、H13A
- 涂层　　　　　　Al_2O_3系、TiCN系：GC-A、GC3015
  　　　　　　　　TiCN系、TiN系：GC215
  　　　　　　　　TiN系、TiC系：GC225、GC235、GC425
  　　　　　　　　Al_2O_3系、TiC系、TiN系：新435、新415
- 金属陶瓷　　　　TiN系、TiC系：CT515、CT525
- 陶瓷　　　　　　Al_2O_3系：CC620、CC650、CC670
  　　　　　　　　Si_3N_4系：CC680、CC690
- 烧结金刚石　　　：CD10
- CBN　　　　　　：CB50

● 车削

工件材料	刀具材料	切削速度/(m/min)	进给速度/(mm/r)	刀具材料	切削速度/(m/min)	进给速度/(mm/r)
碳素钢（C：0.15%）SS、S10~S22C（125HBW）	CT515	530	0.1	GC215	210	0.8
	CT515	430	0.2	GC235	130	0.4
	CT525	490	0.05	S1P	290	0.3
	CT525	290	0.3	S6	85	1.2
碳素钢（C：0.60%）S55C（200HBW）	CT515	420	0.1	GC215	155	0.8
	CT515	340	0.2	GC235	105	0.4
	CT525	390	0.05	S1P	230	0.3
	CT525	230	0.3	S6	70	1.2
合金钢 SCr、SNCM、SCM 淬火回火（300HBW）	CT515	280	0.05	GC235	50	0.6
	CT525	165	1.0	GC215	95	0.8
	GC3015	255	0.1	S1P	90	0.5
	GC425	135	0.4			
高合金钢 SKS、SKD、SKT 淬火（325HBW）	S6	30	1.2	GC3015	120	0.4
	GT515	160	0.1	GC215	120	0.1
	CT525	145	0.05	S1P	80	0.4
	GC425	130	0.1	S6	20	1.2
不锈钢 铁素体、马氏体 退火（200HBW）	CT515	345	0.05	GC235	110	0.4
	CT515	285	0.1	GC215	160	0.8
	CT525	290	0.05	S1P	195	0.3
	GC425	165	0.8	S6	125	0.3
	GC425	275	0.1			
不锈钢 奥氏体 退火（180HBW）	CT515	205	0.1			
	GC425	310	0.05			
	GC235	110	0.6			
耐热钢（Fe系）退火（200HBW）	H13A	60	0.2	H10F	12	1.2
	H13A	34	0.5	H10F	27	0.6
耐热钢（Ni、Co系）（350HBW）	H13A	15	0.1			
	S1P	10	0.1			

（续）

工件材料	刀具材料	切削速度/(m/min)	进给速度/(mm/r)	刀具材料	切削速度/(m/min)	进给速度/(mm/r)
硬质钢（锰钢等） （250HRC）	H13A	65	0.2	新435	60	0.2
	H13A	40	0.5	新435	30	1.0
	H13A	16	1.0			
灰铸铁 FC10~20（180HBW）	GC3015	465	0.1	CT515	130	0.2
	GC3015	290	0.4	H1P	165	0.5
	H13A	135	0.2	新415	225	0.1
	H13A	60	1.0	新435	170	0.5
灰铸铁 FC25~35（260HBW）	GC3015	285	0.1	新415	55	0.8
	H13A	65	0.5	新435	175	0.2
	H1P	260	0.1			
铝合金 （60HBW）	H13A	1750	0.2	新435	2400	0.2
	H13A	800	1.0	新435	1550	1.0
铝合金铸件 （90HBW）	H13A	300	0.2	新435	510	0.2
	H13A	180	0.5	新435	230	1.0
	H13A	110	1.0			
青铜、黄铜 （90HBW）	H13A	610	0.2	新435	395	0.2
	H13A	295	1.0	新435	330	0.5
硬质塑料	H13A	380	0.5	新435	670	0.5
	H13A	240	1.0	新435	460	1.0

● 铣削加工

工件材料	刀具材料	切削速度/(m/min)	进给速度/(mm/Z)	刀具材料	切削速度/(m/min)	进给速度/(mm/Z)
碳素钢 （C：0.4%~0.8%） S25C、S58C（150HBW）	CT520	100~400	0.25~0.05	SMA	65~	0.4
	GC-A	155	0.3	SM30	110~	0.2
	GC-A	255	0.1	S1P	200	0.1
	GC235	165	0.1			
碳素钢 （C：0.8%~1.4%） SC（310HBW）	GC-A	135	0.3	S6	85	0.1
	GC-A	210	0.1	SM30	125	0.1
	SMA	95~	0.4	S1P	125	0.2
合金钢 SCM、SCr、SNCM 退火（125~225HBW）	CT520	80~300	0.25~0.05	SMA	120	0.4
	GC-A	170	0.3	SMA	200	0.1
	GC-A	250	0.1	S1P	115	0.4
高速工具钢 SKH 退火（250~350HBW）	CT520	80~250	0.25~0.05	SM30	95	0.2
	GC-A	130	0.3	R4	30	0.4
	GC235	105	0.2	R4	60	0.1
	SMA	155	0.1	S1P	120	0.1
不锈钢 铁素体、马氏体 （150~270HBW）	CT520	100~200	0.25~0.05	SM30	190	0.1
	GC-A	110	0.3	S1P	245	0.1
	SMA	210	0.1			
不锈钢 奥氏体 （150~220HBW）	CT520	100~200	0.25~0.05	SMA	130	0.2
	GC-A	200	0.1	S6	65	0.4
	GC235	80~	0.3	SM30	150	0.1

141

不同工件材料选择适用的刀具材料种类与刀具企业推荐的切削条件

（续）

工件材料	刀具材料	切削速度/(m/min)	进给速度/(mm/r)	刀具材料	切削速度/(m/min)	进给速度/(mm/r)
铸钢 SCMn、SCCrM （150~250HBW）	GC-A	125	0.3	SMA	150	0.1
	GC-A	190	0.1	S6	50	0.4
	GC235	100	0.2	S1P	145	0.1
淬火钢 （50~65HRC）	H1P	10	0.2			
	H1P	15	0.1			
灰铸铁 FC25、FC35 （260HBW）	GC3015	80~170	0.3~0.2	H1P	100	0.2
	HM	70	0.4	SMA	115	0.1
	H13A	90	0.1			
耐热合金（Ni系） （220~300HBW）	H13A	10~	0.2			
	H13A	20	0.1			
耐热合金（Fe系） （180~300HBW）	H13A	10	0.2			
	H13A	35	0.1			
钛合金 （300~400HBW）	H13A	20~	0.2			
	H13A	80	0.1			
铝合金铸件 （40~100HBW）	H13A	250~	0.2	H10	500	0.1
	H13A	450	0.1			
铝合金 （Al：99%以上）	H13A	500~	0.2	H10	2000	0.1
	H13A	1000	0.1			

京瓷

- 硬质合金　　　　P 类：IC54、IC50M
　　　　　　　　　K 类：KW10、IC20
- 涂层　　　　　　Al_2O_3 系：CA110、CA115、CA225
　　　　　　　　　TiN 系：CA335、IC656、IC635、IC805、IC825
　　　　　　　　　TiCN 系：IC520M
- 金属陶瓷　　TiC 系、TiN 系：N、TC40N、TC60M、IC20N、IC30N
　　　　　　　　　TiCN 系：TN30、TN60
- 陶瓷　　　　　　Al_2O_3 系：SN60、AZ5000、A65
　　　　　　　　　Si_3N_4 系：KS8000
- 烧结金刚石　　　　：KPD010
- CBN　　　　　　　：KBN30S、KBN30B、KBN10B

●车削

工件材料	加工内容	刀具材料	切削速度/(m/min)	进给速度/(mm/r)
碳素钢（C：0.2%） （150HBW）	外圆切削（刃宽5mm）	IC20N	235	0.25
	外圆切削（刃宽5mm）	IC20N	165	0.35
	一般切削	IC805	350	0.25
	一般切削	IC805	200	1.00
	一般切削（刃宽5mm）	IC656	185	0.25
	一般切削（刃宽5mm）	IC656	105	0.50
	一般切削（刃宽5mm）	IC47	125	0.40
	内孔切削（刃宽5mm）	IC825	215	0.30
	内孔切削（刃宽5mm）	IC825	155	0.20

（续）

工件材料	加工内容	刀具材料	切削速度/(m/min)	进给速度/(mm/r)
碳素钢（C: 0.45%） （190HBW）	外圆切削（刃宽5mm）	IC20N	275	0.15
	外圆切削（刃宽5mm）	IC20N	220	0.25
	一般切削	IC635	150	0.20
	一般切削	IC805	250	0.50
	一般切削（刃宽5mm）	IC656	120	0.40
	一般切削（刃宽5mm）	IC656	80	0.50
	一般切削（刃宽5mm）	IC47	160	0.25
	一般切削（刃宽5mm）	IC47	70	0.50
	内孔切削（刃宽5mm）	IC825	195	0.30
	内孔切削（刃宽5mm）	IC825	85	0.40
碳素钢（C: 0.83%） （250HBW）	外圆切削（刃宽5mm）	IC20N	265	0.15
	外圆切削（刃宽5mm）	IC20N	210	0.25
	一般切削	IC805	220	0.50
	一般切削	IC805	150	1.00
	一般切削	IC635	135	0.20
	一般切削	IC635	80	1.00
	一般切削（刃宽5mm）	IC656	165	0.25
	一般切削（刃宽5mm）	IC656	75	0.50
	一般切削（刃宽5mm）	IC47	150	0.25
	一般切削（刃宽5mm）	IC47	100	0.40
	内孔切削（刃宽5mm）	IC825	190	0.30
	内孔切削（刃宽5mm）	IC825	85	0.40
合金钢 （200~250HBW）	外圆切削（刃宽5mm）	IC20N	260	0.15
	外圆切削（刃宽5mm）	IC20N	120	0.35
	一般切削	IC805	275	0.25
	一般切削	IC805	140	1.00
	一般切削（刃宽5mm）	IC656	160	0.25
	一般切削（刃宽5mm）	IC656	70	0.50
	一般切削（刃宽5mm）	IC47	145	0.25
	一般切削（刃宽5mm）	IC47	90	0.40
	内孔切削（刃宽5mm）	IC825	185	0.30
	内孔切削（刃宽5mm）	IC825	80	0.40
合金钢 （375~425HBW）	外圆切削（刃宽5mm）	IC20N	120	0.15
	外圆切削（刃宽5mm）	IC20N	90	0.25
	一般切削（刃宽5mm）	IC656	60	0.25
	一般切削（刃宽5mm）	IC656	50	0.40
	一般切削（刃宽5mm）	IC47	35	0.50
	内孔切削（刃宽5mm）	IC825	70	0.30
	内孔切削（刃宽5mm）	IC825	40	0.40
不锈钢 马氏体 （275~325HBW）	外圆切削（刃宽5mm）	IC20N	185	0.15
	外圆切削（刃宽5mm）	IC20N	160	0.25
	一般切削	IC805	205	0.25

不同工件材料选择适用的刀具材料种类与刀具企业推荐的切削条件

（续）

工件材料	加工内容	刀具材料	切削速度/(m/min)	进给速度/(mm/r)
不锈钢 马氏体 (275~325HBW)	一般切削	IC805	155	0.50
	一般切削	IC635	95	0.20
	一般切削	IC635	60	1.00
	一般切削（刃宽5mm）	IC656	150	0.25
	一般切削（刃宽5mm）	IC656	110	0.40
	一般切削（刃宽5mm）	IC47	135	0.25
	一般切削（刃宽5mm）	IC47	70	0.50
	内孔切削（刃宽5mm）	IC825	170	0.30
	内孔切削（刃宽5mm）	IC825	100	0.40
不锈钢 奥氏体 (135~175HBW)	外圆切削（刃宽5mm）	IC20N	195	0.15
	外圆切削（刃宽5mm）	IC20N	140	0.35
	一般切削	IC805	220	0.25
	一般切削	IC805	120	1.00
	一般切削	IC635	100	0.50
	一般切削	IC635	80	1.00
	一般切削（刃宽5mm）	IC656	160	0.25
	一般切削（刃宽5mm）	IC656	115	0.40
	内孔切削（刃宽5mm）	IC825	185	0.30
	内孔切削（刃宽5mm）	IC825	100	0.40
铸钢 (150HBW以下)	外圆切削（刃宽5mm）	IC20N	180	0.15
	外圆切削（刃宽5mm）	IC20N	100	0.35
	一般切削（刃宽5mm）	IC656	125	0.25
	一般切削（刃宽5mm）	IC656	90	0.40
	一般切削（刃宽5mm）	IC47	85	0.40
	一般切削（刃宽5mm）	IC47	70	0.50
	内孔切削（刃宽5mm）	IC825	145	0.30
	内孔切削（刃宽5mm）	IC825	105	0.20
铸钢 (150~200HBW)	外圆切削（刃宽5mm）	IC20N	150	0.15
	外圆切削（刃宽5mm）	IC20N	120	0.25
	一般切削（刃宽5mm）	IC656	100	0.25
	一般切削（刃宽5mm）	IC656	65	0.50
	一般切削（刃宽5mm）	IC47	90	0.25
	一般切削（刃宽5mm）	IC47	65	0.50
	内孔切削（刃宽5mm）	IC825	115	0.30
	内孔切削（刃宽5mm）	IC825	75	0.40
可锻铸铁 (110~145HBW)	一般切削	IC20	140	0.10
	一般切削	IC20	110	0.15
	一般切削	IC20	90	0.25
可锻铸铁 (200~250HBW)	一般切削（刃宽5mm）	IC20	135	0.10
	一般切削（刃宽5mm）	IC20	105	0.15
灰铸铁 (180HBW)	一般切削（刃宽5mm）	IC20	160	0.10
	一般切削（刃宽5mm）	IC20	105	0.15

（续）

工件材料	加工内容	刀具材料	切削速度/(m/min)	进给速度/(mm/r)	切削深度/mm
灰铸铁 (250HBW)	一般切削（刃宽5mm）	IC20	120	0.10	
	一般切削（刃宽5mm）	IC20	90	0.15	
	一般切削（刃宽5mm）	IC20	65	0.25	
铝合金	一般切削	KPD010	300~1000	0.05~0.50	~3.00
	一般切削（刃宽5mm）	IC20	280	0.10	
	一般切削（刃宽5mm）	IC20	220	0.25	
钛合金	一般切削	KPD010	50~100	0.05~0.10	~2.00
铜	一般切削	KPD010	300~1000	0.05~0.50	
	一般切削（刃宽5mm）	IC20	130	0.10	
	一般切削（刃宽5mm）	IC20	120	0.25	

● 铣削加工

工件材料	加工内容	刀具材料	切削速度/(m/min)	进给速度/(mm/Z)	切削深度/mm
碳素钢	平面铣削加工	TC60M、IC635	120~180	0.1~0.25	
	平面铣削加工	N、TC40N、IC54	120~200	0.1~0.25	
	倒角切削	N、TC40N、TC60M	100~180	0.1~0.2	
	倒角切削	IC50M、IC54、IC635	80~150	0.1~0.25	
合金钢	平面铣削加工	TC60M、IC635	100~160	0.1~0.25	
	平面铣削加工	N、TC40N、IC50M	80~150	0.1~0.25	
	倒角切削	TC60M	100~160	0.1~0.25	
	一般切削	KBN30S、10B、30B	180~250	0.1~0.3	<3.0
不锈钢	平面铣削加工	TC60M、IC635	150~200	0.1~0.25	
	倒角切削	TC60M	170~200	0.1~0.25	
铸铁	平面铣削加工	KW10、IC20	80~150	0.1~0.25	
	平面铣削加工	N、TC40N	80~150	0.1~0.25	
	平面铣削加工	IC520M	90~120	0.1~0.3	
米哈奈特铸铁 (50HRC)	一般切削	KBN30S、10B、30B	300~350	0.1~0.3	<3.0
灰铸铁（220HBW）	一般切削	KBN30S、10B、30B	300~600	0.1~0.3	<3.0
冷硬铸铁 (55HRC)	一般切削	KBN30S、10B、30B	180~350	0.1~0.3	<3.0

不同工件材料选择适用的刀具材料种类与刀具企业推荐的切削条件

黛杰工业

- 硬质合金
  - P 类：SR05、SR10、SRT、SR20、SR30、SR40
  - M 类：UMN、UM10、DX25、UM20、DTU、UMS、UM40
  - K 类：KG03、KG10、KT9、CR1、KG20、LF12、KG30、KG40
  - 超微粒子：FB10、FB15、FB20
- 涂层
  - Al_2O_3 系：JC1211、JC1231、KC910
  - TiN 系：JC3515、JC3521、JC3552、JC3562
  - TiC 系、TiN 系：JC1341、JC1361、KC850
- 金属陶瓷
  - TiC 系：SUZ
  - TiC 系、TiN 系：LN10、NIT、NAT
- 陶瓷
  - Al_2O_3 系：CA010、CA100、CA200
  - Si_3N_4 系：CS100
- 烧结金刚石 ：JDA10
- CBN ：JBN10、JBN20

● 端铣加工

工件材料	刀具	刀具材料	切削速度/(m/min)	进给速度/(mm/r) φ12、φ16mm	进给速度/(mm/r) φ20mm 以上
碳素钢（S40～S60C）	Hosoi chipper HCSS 形 HCLS 形	DX25、NAT	40～120	0.05～0.2	0.15～0.5
模具钢（SKD）（16～23HRC）		DX25、NAT	40～90	0.05～0.2	0.18～0.5
（38～45HRC）		DX25	30～50	0.03～0.15	0.1～0.3
模具用钢（SKT）(38～45HRC)		DX25	30～65	0.03～0.15	0.1～0.5
模具用钢（预硬钢）(40HRC)		DX25	40～80	0.05～0.18	0.15～0.3
不锈钢（SUS304）		DX25	25～80	0.03～0.15	0.1～0.3
铸铁（FC）		CR1	50～90	0.08～0.3	0.2～0.8

工件材料	工具	加工内容	刀具材料	切削速度/(m/min)	进给速度/(mm/r)	切削深度/mm
低碳钢（S20C、SS41）（200HBW 以下）	端部削片机 ECZPR 形 (φ8、φ9mm)	侧面加工	KT9	30～50	0.01～0.02	<4
		侧面加工	KT9	30～50	0.01～0.02	4～6
		槽加工	KT9	30～50	0.01～0.02	<3
		底刃切削	KT9	30～50	0.02～0.06	<3
高碳钢（S45C、S55C）（200～290HBW）		侧面加工	KT9	30～50	0.01～0.02	<4
		侧面加工	KT9	30～50	0.01～0.02	4～6
		槽加工	KT9	30～50	0.01～0.02	<3
		底刃切削	KT9	30～50	0.02～0.05	<3
铸铁（FC25）（250HBW 以下）		侧面加工	KT9	40～70	0.01～0.03	<4
		侧面加工	KT9	40～70	0.01～0.03	4～6
		槽加工	KT9	40～70	0.01～0.03	<3
		底刃切削	KT9	40～70	0.03～0.08	<3
低碳钢（S20C、SS41）（200HBW 以下）	端部削片机 ECZPR 形 (φ10～φ13mm)		NIT、NAT	70～100	0.02～0.15	<4
			NIT、NAT	70～100	0.02～0.10	4～8
			NIT、NAT	70～100	0.02～0.08	8～10
			DX25	50～80	0.02～0.15	<4
			DX25	50～80	0.02～0.10	4～8
			DX25	50～80	0.02～0.08	8～10

（续）

工件材料	工具	刀具材料	切削速度/(m/min)	进给速度/(mm/r)	切削深度/mm
低碳钢(S20C、SS41)（200HBW 以下）	端部削片机 ECZPR 形（φ10~φ13mm）	KT9	30~50	0.02~0.15	<4
		KT9	30~50	0.02~0.10	4~8
		KT9	30~50	0.02~0.08	8~10
高碳钢（S45C、S55C）（200~290HBW）		NIT、NAT	70~100	0.02~0.10	<4
		NIT、NAT	70~100	0.02~0.08	4~8
		NIT、NAT	70~100	0.02~0.07	8~10
		DX25	50~90	0.02~0.10	<4
		DX25	50~90	0.02~0.08	4~8
		DX25	50~90	0.02~0.07	8~10
不锈钢（SUS304）		KT9	30~45	0.02~0.05	<4
		KT9	30~45	0.02~0.05	4~8
		KT9	30~45	0.02~0.04	8~10
铸铁（FC25）（250HBW 以下）		KT9	50~80	0.03~0.20	<4
		KT9	50~80	0.03~0.15	4~8
		KT9	50~80	0.02~0.10	8~10

工件材料	工具	刀具材料	切削速度/(m/min)	进给速度/(mm/r)	不同刀具直径的进给速度/(mm/min) φ40mm	φ50mm	不同刀具直径的转速/(r/min) φ40mm	φ50mm
碳素钢（S10C~S35C）	削片机（CS45P 形）	DX25、KT9、JC3552	60~200	0.08~0.60	40~950	30~750	500~1600	400~1250
中碳钢（S50C）、合金钢（SS41）		NAT、JC3552、DX25	60~150	0.08~0.80	40~950	30~750	500~1200	400~950
耐热钢（SKT4、SKD61）		NAT、JC3552、DX25	60~120	0.06~0.60	30~550	20~450	500~950	400~750
耐热钢（SUS304）		JC3512、LF12	60~120	0.30~0.50	150~500	100~400	500~950	400~750
球墨铸铁（FCD45、FCD50）		KT9、JC3552	60~150	0.08~0.60	40~700	30~550	500~1200	400~950
铸铁（FC20、FC25、FC30）		KT9、JC3552	40~160	0.06~0.80	30~1000	20~800	300~1250	250~1000
碳素钢（S10C、S35C）	削片机（CZ90P 形）	DX25、KT9、JC3552	60~240	0.04~0.50	20~950	20~800	500~1900	400~1550
中碳钢（S50C）、合金钢（SS41）		NAT、JC3552、DX25	40~180	0.06~0.60	20~850	20~700	300~1450	250~1150
耐热钢（SKT4、SKD61）		NAT、JC3552、DX25	60~150	0.04~0.50	20~600	20~500	500~1200	400~950
耐热钢（SUS304）		JC3512、LF12	80~150	0.30~0.45	200~550	150~450	650~1200	500~950
球墨铸铁（FCD45）		KT9、JC3552	60~180	0.06~0.60	30~850	30~700	500~1450	400~1150
铸铁（FC25）		KT9、JC3552	60~180	0.04~0.80	20~1150	20~900	500~1450	400~1150

● 钻削加工

工件材料	刀具	刀具材料	切削速度/(m/min)	进给速度/(mm/r) φ20~φ30mm	φ31~φ37mm	φ38~φ49mm	φ50~φ65mm
碳素钢	Metcut 钻头	KC850	90~120	0.08~0.13	0.08~0.15	0.10~0.20	0.13~0.25
硫黄易切削钢		KC850、KC910	120~210	0.08~0.13	0.10~0.15	0.13~0.20	0.15~0.31
合金钢		KC850、KC910	60~180	0.08~0.10	0.10~0.15	0.13~0.25	0.15~0.25
奥氏体不锈钢		KC850	50~110	0.08~0.10	0.10~0.13	0.10~0.15	0.13~0.20
铸铁		KC850、KC910	120~240	0.10~0.20	0.13~0.25	0.15~0.31	0.20~0.38

147

切削液的选择方法

（摘自 JIS K 2441 切削液的说明附表《一般使用条件中的使用操作示例》）

1. C0.3％以上的碳素钢及低合金钢

		加工方法及刀具材料																												
		车削			铣削加工						钻削			镗削						拉削加工						齿轮切削						螺纹切削				其他			
		单面车刀		切断车刀		成形车刀		面铣刀		侧铣刀		立铣刀		麻花钻		BTA枪钻		单面车刀		锪钻		铰刀		花键拉刀		圆形拉刀		平面拉刀		滚铣		齿轮整形		格里森齿刀		成形车刀		丝锥		梳刀		车刀		连续自动工作机床		锯	
切削液		硬质合金	SKH	硬质合金	SKH	硬质合金	SKH	硬质合金	SKH	硬质合金	SKH	硬质合金	SKH	硬质合金	SKH	硬质合金	SKH	硬质合金	SKH	硬质合金	SKH	硬质合金	SKH	硬质合金	SKH	硬质合金	SKH	SKH	SKH	SKH	SKH	SKH	SKH	SKH	SKH	SKH	SKH	SKH
非水溶性切削液	1类 1号																																						
	2号																																						
	3号																																						
	4号																																						
	5号		△		△				○		○																												
	6号	△		△				△		△																													
	2类 1号																																						
	2号					○																																	
	3号		△													○				△	△				△	△										○			
	4号																																						
	5号					○				○	○	○	△		○																					○			
	6号																					○	○	○	○														
	11号																																						
	12号															○																							
	13号										○				○	○																							
	14号																																	○					
	15号											○						○	○																				
	16号																			○	○	○	○				○	○	○										
	17号																											○											
水溶性切削液	W1类 1号	○	○	○	○	△	△	○	△	○				○																								○
	2号																								△	△	△					△							
	3号																																						
	W2类 1号	○	○	○	○	△	△	○		○			△																										○
	2号																								△	△	△					△							
	3号																																						

注：○表示最合适的切削液，△表示合适的切削液。

148

JIS K 244 中规定了水溶性切削液和非水溶性切削液作为金属切削加工和磨削加工中使用的切削液。

非水溶性切削液无须加水使用，一种由矿物油和动植物油或矿物油和酯类油组成，另一种在此基础上添加极压添加剂。

水溶性切削液需用水稀释后使用，根据矿物油和表面活性剂的比例不同，稀释后的溶液会变得浑浊、半透明或透明。

2. C0.3%以下的碳素钢

切削液			车削			铣削加工			钻削		镗削			拉削加工		齿轮切削			螺纹切削		其他	
			单面车刀	切断车刀	成形车刀	面铣刀	侧铣刀	立铣刀	麻花钻	BTA枪钻	单面车刀	锪钻	铰刀	花键拉刀	圆形拉刀	平面拉刀	滚铣	滚轮整形	格里森齿刀	成形车刀	丝锥	梳刀	连续自动工作机床	锯
			硬质合金/SKH	硬质合金/SKH	硬质合金/SKH	硬质合金/SKH	硬质合金/SKH	硬质合金/SKH	硬质合金/SKH	硬质合金/SKH	硬质合金/SKH	硬质合金/SKH	硬质合金/SKH	SKH	SKH	SKH	SKH	SKH	SKH	SKH	SKH	SKH	SKH	SKH
非水溶性切削液	1类	1号																						
		2号																						
		3号				△																		
		4号																						
		5号																						
		6号	○	△	○	△		△	△	△	△													
	2类	1号																						
		2号				○			△															
		3号									○		△	△		△	△	△					○	
		4号																						
		5号		○		○	○	○	△		○												○	
		6号													○	○	○							
		11号																						
		12号				○											○							
		13号							○		○	○												
		14号																			○			
		15号							○			○	○									○		
		16号												○	○				○	○	○			
		17号																		○	○			
水溶性切削液	W1类	1号	△	△	△	△	△	△	○		△												○	
		2号																△	△	△		△		
		3号																						
	W2类	1号	△	△	△	△	△	△	○		△												○	
		2号																△	△	△		△		
		3号																						

注：○表示最合适的切削液，△表示合适的切削液。

非水溶性切削液	1类 1~6号	由矿物油和动植物油或矿物油和酯类油组成,不含极压添加剂。按运动黏度和脂肪油含量不同,细分为1~6号
	2类 1~6号	由矿物油和动植物油或矿物油和酯类油组成,含有氯、硫以及其他极压添加剂,在100℃铜板腐蚀试验中不超过2级。按运动黏度、脂肪油含量和氯含量不同,细分为1~6号
	2类 11~17号	由矿物油、动植物油或矿物油和酯类油组成,含有氯、硫以及其他极压添加剂,在100℃铜板腐蚀试验中达到3级以上。按运动黏度、脂肪油含量和氯含量不同,细分为11~17号

3. 高合金钢

切削液			车削			铣削加工			钻削		镗削			拉削加工			齿轮切削			螺纹切削		其他	
			单面车刀	切断车刀	成形车刀	面铣刀	侧铣刀	立铣刀	麻花钻	BTA枪钻	单面车刀	锪钻	铰刀	花键拉刀	圆形拉刀	平面拉刀	滚铣	齿轮整形	格里森齿刀	成形车刀	丝锥	梳刀	车刀	连续自动工作机床	锯
			硬质合金/SKH	硬质合金/SKH	硬质合金/SKH	硬质合金/SKH	硬质合金/SKH	硬质合金/SKH	硬质合金/SKH	硬质合金/SKH	硬质合金/SKH	硬质合金/SKH	硬质合金/SKH	SKH	SKH	SKH	SKH	SKH	SKH	SKH	SKH	SKH	SKH	SKH	SKH
非水溶性切削液	1类	1号																							
		2号																							
		3号																							
		4号																							
		5号																							
		6号	△	△																					
	2类	1号							○																△
		2号			○																				
		3号									○													○	
		4号																							
		5号	○	○	○	○		○			○													△	
		6号							○								○	○	○	△					
		11号																							
		12号												△	△	△									
		13号				△					○	○													
		14号										○													
		15号					△			△		○	○										△		
		16号							○								○	○	○	○					
		17号																		○					
水溶性切削液	W1类	1号	△		△	△		△	△		△														○
		2号					△				△	△													
		3号																							
	W2类	1号	△		△	△		△	△		△														○
		2号					△																		
		3号																							

注:○表示最合适的切削液,△表示合适的切削液。

非水溶性切削液	W1类 1~3号	主要由矿物油和表面活性剂组成,加水稀释后,稀释液变浑浊。按pH值、含氯量、金属腐蚀度不同,细分为1~3号。俗称水溶性乳化型切削液
	W2类 1~3号	主要由表面活性剂组成,加水稀释后,稀释液变透明或半透明。按pH值、含氯量、金属腐蚀度不同,细分为1~3号。俗称水溶性可溶型切削液

4. 不锈钢、耐热钢、钛合金

切削液			车削			铣削加工			钻削		镗削			拉削加工			齿轮切削			螺纹切削			其他	
			单面车刀	切断车刀	成形车刀	面铣刀	侧铣刀	立铣刀	麻花钻	BTA枪钻	单面车刀	锪钻	铰刀	花键拉刀	圆形拉刀	平面拉刀	滚铣	格里森整形	齿轮整形	成形车刀	丝锥	梳刀	车刀	连续自动工作机床	锯
			硬质合金 / SKH	硬质合金 / SKH	硬质合金 / SKH	硬质合金 / SKH	硬质合金 / SKH	硬质合金 / SKH	硬质合金 / SKH	硬质合金 / SKH	硬质合金 / SKH	硬质合金 / SKH	硬质合金 / SKH	SKH	SKH	SKH	SKH	SKH	SKH	SKH	SKH	SKH	SKH	SKH	SKH
非水溶性切削液	1类	1号											○												
		2号																							○
		3号																							
		4号																							
		5号																							
		6号																							
	2类	1号						○			○	○	△												
		2号		○	○					△	○														
		3号																							
		4号																							
		5号	△	△		○																			
		6号	△	△	△ △	○	○	○	○		○	○					○	○ ○			○				
		11号																							
		12号							△			△	△ ○ ○												○
		13号							○																
		14号					○																		
		15号	○ ○ ○ ○			○	○	○	○		○						○ ○ ○ ○								
		16号			○ ○											△ △ △			○ ○					
		17号																		△					
水溶性切削液	W1类	1号																							
		2号	△	△		△ △					△														
		3号																							
	W2类	1号			△ △	△ △																			
		2号	△	△		△ △																			
		3号																							

注:○表示最合适的切削液,△表示合适的切削液。

151

用语的含义

● **矿物油**：作为切削液基础油的天然原油及其产品。灯油、汽油、机油等。

● **动物油和植物油**：榨油精制后的动物油或植物油，如猪油、鲸油、大豆油、菜籽油和椰子油等。

● **酯类油**：由高级脂肪酸（米糠脂肪酸、大豆脂肪酸等）和醇（甲基、丁基等）组成的化合物。

5. 铝及铝合金

切削液			车削			铣削加工			钻削		镗削			拉削加工			齿轮切削			螺纹切削		其他
			单面车刀	切断车刀	成形车刀	面铣刀	侧铣刀	立铣刀	麻花钻	BTA枪钻	单面车刀	锪钻	铰刀	花键拉刀	圆形拉刀	平面拉刀	滚铣	齿轮整形	格里森齿刀	成形车刀	丝锥	梳刀	车刀	连续自动工作机床	锯
			硬质合金/SKH	硬质合金/SKH	硬质合金/SKH	硬质合金/SKH	硬质合金/SKH	硬质合金/SKH	硬质合金/SKH	SKH	硬质合金/SKH	硬质合金/SKH	硬质合金/SKH	SKH	SKH	SKH	SKH	SKH	SKH	SKH	SKH	SKH	SKH	SKH	SKH
非水溶性切削液	1类	1号	○○	○○			○	○○		○		○○		○○											
		2号																							
		3号																							
		4号																							
		5号																							
		6号																							
	2类	1号			○○			○		○				○○○								○		
		2号																							
		3号																	○	○				
		4号																							
		5号																							
		6号																							
		11号																							
		12号																							
		13号																							
		14号																							
		15号																							
		16号																							
		17号																							
水溶性切削液	W1类	1号																						
		2号			○			○			○			○						△	△	△	○	
		3号	○○○○		○○	○		○	○		○○		○○										△
	W2类	1号																						
		2号			○			○			○			○						△	△	△		
		3号	○○○○		○○	○		○	○		○○		○○										△

注：○表示最合适的切削液，△表示合适的切削液。

- **脂肪油含量**：动植物油和酯类油的含量。
- **极压添加剂**：添加到基础油中的物质，用来防止切削过程中摩擦部位发生烧结，提高切削性能。主要使用氯、硫系化合物。
- **表面活性剂**：一种合成物质，能使非水溶性液体乳化，使粉末和固体在水中分散，并能清洁纤维和金属等表面的污垢。

6. 铸铁和可锻铸铁

切削液			车削						铣削加工						钻削				镗削						拉削加工						齿轮切削						螺纹切削				其他	
			单面车刀		切断车刀		成形车刀		面铣刀		侧铣刀		立铣刀		麻花钻		BTA枪钻		单面车刀		镗钻		铰刀		花键拉刀		圆形拉刀		平面拉刀		滚铣		齿轮整形		格里森齿刀		成形车刀		丝锥	梳刀	车刀	连续自动工作机床	锯
			硬质合金	SKH	硬质合金	SKH	硬质合金	SKH	硬质合金	SKH	硬质合金	SKH	硬质合金	SKH	硬质合金	SKH	硬质合金	SKH	硬质合金	SKH	硬质合金	SKH	硬质合金	SKH	SKH		SKH		SKH		SKH		SKH		SKH		SKH		SKH	SKH	SKH	SKH	SKH
非水溶性切削液	1类	1号	○		○		○								○	○			○				○	○																			
		2号																																										
		3号																																										
		4号																																										
		5号																																										
		6号																																										
	2类	1号							○		○		○														○		○		○		○									○	
		2号																																										
		3号																																										
		4号																																										
		5号																																										
		6号																																										
		11号																○			○																							
		12号																		○			○							○		○		○					△	△	△		
		13号																																										
		14号																																										
		15号																																										
		16号																																										
		17号																																										
水溶性切削液	W1类	1号	△	△	△				△	△		△		△		△				△				△	△															△	△	△	△	△
		2号																																										○	
		3号																																										
	W2类	1号	○	○	○	○				○	○	○	○	○	△			○				○	○																	△	△	△		○
		2号																																										
		3号																																										

注：○表示最合适的切削液，△表示合适的切削液。

7. 铜、黄铜以及磷青铜

切削液			加工方法及刀具材料																			
			车削			铣削加工			钻削		镗削			拉削加工			齿轮切削			螺纹切削		其他
			单面车刀	切断车刀	成形车刀	面铣刀	侧铣刀	立铣刀	麻花钻	BTA枪钻	单面车刀	锪钻	铰刀	花键形拉刀	圆形拉刀	平面拉刀	滚铣	齿轮整形	格里森齿刀	成形车刀	丝锥	梳刀	车刀	连续自动工作机床	锯
			硬质合金 SKH	硬质合金 SKH	硬质合金 SKH	硬质合金 SKH	硬质合金 SKH	硬质合金 SKH	硬质合金 SKH	硬质合金 SKH	硬质合金 SKH	硬质合金 SKH	硬质合金 SKH	硬质合金 SKH	硬质合金 SKH	硬质合金 SKH	硬质合金 SKH	硬质合金 SKH	硬质合金 SKH	硬质合金 SKH	SKH	SKH	SKH	SKH	SKH
非水溶性切削液	1类	1号																						◉
		2号																						
		3号																			●			
		4号	●	●		●				● ○							◉ ◉					●		
		5号																				●			
		6号	○	○	○			○																◉	
	2类	1号	○		●			●																	
		2号	○	○		○				○		○ ○ ○									○	○ ○			
		3号					○																	◉	
		4号					○																		
		5号															○								
		6号														○									
		11号																							
		12号																							
		13号																							
		14号																							
		15号																							
		16号																							
		17号																							
水溶性切削液	W1类	1号																						
		2号																							
		3号	● ● ●	●	●	●	●	●		●		● ●		●							● ●	●		●
	W2类	1号																							
		2号																							
		3号	● ●	●	●	●	●	●		●		●		●							● ●	●		

注：○表示铜，●表示黄铜，◉表示磷青铜。

下表选取了目前市场上出售的各大制造商的切削液品牌，并与 JIS 分类进行了比较。

像 JIS 分类中的"非水溶性切削液 1 类第 2 号""非水溶性切削液 2 类第 12 号"等，实际上并没有与之对应的类别，但从这个表中可以比较和判断各品牌的大概性能。

（摘自润滑通讯社《润滑油品牌手册》）

8. 主要切削液的 JIS 对比表

JIS 分类	出 光	日本石油	尤希路化学	协同油脂	大同化学	东邦化学
1 类 1 号	DAPHNE CUT LP-20、LP-30、GS-50		YUSHIRO OIL CG2	SARUKURATO CD-8		INS CUT 110S、111
1 类 4 号			YUSHIRO OIL CT	SARUKURATO CD-1	DAIKATOL No.1、No.2	INS CUT 122
2 类 1 号	DAPHNE CUT GF-10、HS-5、HS-10	UNI CUT GS5、GS5N、GS10 GS10N、GS15、GM5 GM10	YUSHIRON CUT H35 YUSHIRO OIL No.2、No.21、CG3	SARUKURATO Y-10A X-50	DAIKATOL No.24、211BH 211C、N-6 N-8、PL-101	
2 类 3 号	DAPHNE CUT BR-50、BR-35 GC-30、HS-1 HS-2、HS-3 HS-6F	UNI CUT GS20 GS30	YUSHIRO OIL No.3、No.3(H)、No.4 YUSHIRON CUT DS-50(N)、G-10	SARUKURATO F-2、F-3、F-12 Y-M、Y-0、Y-16 S-50、Y-20、Y-25 S-10、Y-250、Y-80 S-30、Y-S、X-150 Y-20F	DAIKATOL 特 2M RL-17S、RL-32 RL-102、91BTA 改	INS CUT 216、218A、230 225、226、238N
2 类 4 号	DAPHNE CUT HS-40、BR-35 BR-60		YUSHIRO OIL No.8、NS220X YUSHIRON CUT G-30	SARUKURATO S-25	DAIKATOL GL-53	INS CUT 2500
2 类 5 号	DAPHNE CUT AS-25F	UNI CUT TG15、TG20、TG30 GM15、GM25 MULTI 15	YUSHIRO OIL No.5、No.6、 No.7、No.12 YUSHIRON CUT UL65M、UH75	SARUKURATO Y-3、Y-550	DAIKATOL A-7、A-17M 特 2MR、RL-17 GL-20、GL-20K GL-203	INS CUT 216N、23N
2 类 6 号	DAPHNE CUT AS-20D、AS-30D AS-15H、AS-40H	UNI CUT GH35、AL-30	YUSHIRON CUT UH60、UB-75(N) B-93 YUSHIRO OIL No.9	SARUKURATO Y1、Y-10	DAIKATOL A-200、GL-103 GL-204	
2 类 11 号	DAPHNE CUT ST-25、TU-30	UNI CUT TH5、TH8、TH15F	YUSHIRO OIL No.2(ac)、DS50M	SARUKURATO X-00		
2 类 13 号	DAPHNE CUT TA-25、TA-60 TA-95、HL-40 TC-11、DH25	UNI CUT TH15、MG15	YUSHIRON CUT DS50、DS61 SUPER X-2	SARUKURATO X-60K、X-200 X-250B、X-250S X-250T、X-300	DAIKATOL PS-10、PS-21 PS-51、PS-302 S-16	INS CUT 238
2 类 14 号	DAPHNE CUT GD-25、GD-10		YUSHIRON CUT SUPER G7	SARUKURATO X-350A、X-350C X-350D、X-350E X-350M	DAIKATOL PS-20、PS-51 改	
2 类 15 号	DAPHNE CUT TU-30、TG-25	UNI CUT TB16、TH36 TB45	YUSHIRO OIL No.12 (ac) YUSHIRON CUT TS-50、UH75AC UB-100	SARUKURATO X-55、X-56A X-200M、X-250M X-300A、X-450B	DAIKATOL PS-15、PS-102 S-16T	INS CUT 276、351
2 类 16 号		UNI CUT TC20、TC60	YUSHIRON CUT UB75、UD100 YUSHIRO OIL No.210	SARUKURATO X-200A、X-300B X-300N	DAIKATOL A-300、GL-51 PS-102D、PS-202 PS-204R	INS CUT 275、282
W1 类 1 号	DAPHNE MIL COOL ML、BL、AL	UNISOLBLE EM-L、EM-B EM、EM-I、EM-S	YOSHIROUKEN GC、EC50、EC76	EMAL CUT No.2、No.200 NC	SIMILON No.2、No.7 EX-10	GURAITON 114、1300、515
W1 类 2 号	DAPHNE MIL COOL SD、BD	UNISOLBLE HD-M、HD	YOSHIROUKEN E220、EE66、EC200 EC400、HDED-80	EMAL CUT No.5、No.10 NC-S、AL、FA-700	SIMILON EX-20、EX-20T EX-30、EX-50 FP-12S、FX300 SW、660E EZ-206、EP-230 EP-300	GURAITON 507、210、505E
W2 类 1 号	DAPHNE PANACOOL CT	UNISOLBLE SB、SC	YOSHIROUKEN MIC5、MIC2100 MIC2300、S26 S50M、S60 SC25、SC46K SC200、SC600	EMAL CUT B-25M、B-60 B-70、T-60	SIMILON B-34C、KS-75 PA-40M、PA-80D PA-80MK、PA-275 PA-301、PA-512 PA-809、PA-N RG-200H、SBM	SOLTON 605S、613
W2 类 2 号	DAPHNE PANACOOL FM	UNISOLBLE SD	YOSHIROUKEN SE-504、HSG300	EMAL CUT FA-500	SIMILON B-12A、PC-50H PC-100H、SX-30	SOLTON 619、620、621

【资料提供】按日语 50 音图排序
（正文的加工参数请参照各页）

OSG 欧士机
机械振兴协会技术研究所
京瓷
山特维克
润滑通信社
住友电气工业
黛杰工业
东芝泰珂洛
日本特殊陶业
日立刀具
平冈工业（封面照片）
三菱综合材料
村木（封面照片）

附录

附录A 中日表面粗糙度对照表

中国			日本			
新国标等级	$Ra/\mu m$	$Rz/\mu m$	等级	$R_{max}/\mu m$	$Rz/\mu m$	$Ra/\mu m$
$\sqrt{Ra/Rz\ 0.006}$	0.006	0.025	▽▽▽▽	0.025S	0.025Z	0.006a
$\sqrt{Ra/Rz\ 0.012}$	0.012	0.05		0.05S	0.05Z	0.012a
$\sqrt{Ra/Rz\ 0.025}$	0.025	0.1		0.1S	0.1Z	0.025a
$\sqrt{Ra/Rz\ 0.05}$	0.05	0.2		0.2S	0.2Z	0.05a
$\sqrt{Ra/Rz\ 0.1}$	0.1	0.4		0.4S	0.4Z	0.1a
$\sqrt{Ra/Rz\ 0.2}$	0.2	0.8		0.8S	0.8Z	0.2a
$\sqrt{Ra/Rz\ 0.4}$	0.4	1.6		1.6S	1.6Z	0.4a
$\sqrt{Ra/Rz\ 0.8}$	0.8	3.2	▽▽▽	3.2S	3.2Z	0.8a
$\sqrt{Ra/Rz\ 1.6}$	1.6	6.3		6.3S	6.3Z	1.6a
$\sqrt{Ra/Rz\ 3.2}$	3.2	12.5	▽▽	12.5S	12.5Z	3.2a
$\sqrt{Ra/Rz\ 6.3}$	6.3	25		25S	25Z	6.3a
$\sqrt{Ra/Rz\ 12.5}$	12.5	50	▽	50S	50Z	12.5a
$\sqrt{Ra/Rz\ 25}$	25	100		100S	100Z	25a
$\sqrt{Ra/Rz\ 50}$	50	200		200S	200Z	50a
				400S	400Z	100a

附录B 中日常用钢铁材料牌号对照表

日本	中国	附注
AC8A	ZAlSi12Cu1Mg1Ni1	铸造铝合金
ADC10	ZAlSi8Cu1Mg	铸造铝合金
FC10~FC35	HT100~HT400	灰铸铁
FCD40~FCD70	QT400—18~QT900—2	球墨铸铁
FCMB27~FCMB36	KTH300—06~KTH350—10	黑心可锻铸铁
FCMW34~FCMW38	KTB350—04~KTB450—07	白心可锻铸铁
FCMWP45~FCMWP55	KTZ450—06~KTZ700—02	珠光体可锻铸铁
S20C~S55C	20~50	优质碳素结构钢
SCM415	20CrMnTi	合金结构钢
SCM435	35CrMo	合金结构钢
SCM440	42CrMo	合金结构钢
SCr420	20Cr	合金结构钢（渗碳）
SCr440	40Cr	合金结构钢
SCW410	ZG230~ZG450	铸造碳素钢
SK5	T9	碳素工具钢
SK7	T7	碳素工具钢
SKD11	Cr12Mo1V1	冷作模具用钢
SKD61	4Cr5MoSiV1	热作模具用钢
SKH51	W6Mo5Cr4V2	高速工具钢
SM490B	Q345B	低合金高强度结构钢
SM58Q	15MnV	低合金高强度结构钢
SNC415	12CrNi2	合金结构钢
SNCM220	20CrNiMo	合金结构钢
SS330	Q215	碳素结构钢
SS440	Q235—A	碳素结构钢
SUJ2	GCr15	高碳铬轴承钢
SUP3	65Mn	弹簧钢
SUP3（SUP6—13）	50CrVA	弹簧钢
SUS201	12Cr17Mn6Ni5N	奥氏体型不锈钢
SUS302-B	12Cr18Ni9	奥氏体型不锈钢和耐热钢
SUS304	06Cr19Ni10	奥氏体型不锈钢和耐热钢
SUS316	06Cr17Ni12Mo2	奥氏体型不锈钢
SUS403	12Cr12	马氏体型不锈钢
SUS405	06Cr13Al	铁素体型不锈钢
SUS416	Y12Cr13	马氏体型不锈钢
SUS429	10Cr15	铁素体型不锈钢
SUS430	10Cr17	铁素体型不锈钢和耐热钢